鈴木宣弘
森永卓郎

国民は知らない「食料危機」と「財務省」の不適切な関係

講談社＋α新書

まえがき

鈴木《すずき》宣弘《のぶひろ》

日本の農家の平均年齢は二〇二二年の時点で六八・四歳である。この数字は、あと一〇年もしたら、日本の農業・農村が崩壊しかねない、という事実を示している。

さらにいま起きている生産資材価格の高騰分を、農産物の販売価格に転嫁できず、農家の崩壊スピードは加速している。コストに見合う価格で販売できず、次世代に引き継ぐどころか、現状の農家経営の存続自体、難しい状態が続いている。

消費者は「農家は大変だよね」と他人事のように言っている場合ではない。この事態の意味するところは、輸出規制などで海外からの輸入が滞ってきたら、自分たちが食べるものがなくなり、命を守ることもできない、ということである。

つまり、農業問題は農家の問題である以上に、消費者の問題なのである。この事実をいまこそ認識しなければならない。まさに、「農業問題は自分ごと」なのである。

少々コストが高くても、国内でがんばっている農家をみんなで支える。それこそが自分や子どもたちの命を守る一番の安全保障なのだ。

安全保障の要《かなめ》は国産の食料を確保することであり、そこで米を作ることは命の安全保障の要であると同時に、地域コミュニティや文化を守り、洪水も止めてくれる。また、牧場の風景は、人の心をも癒してくれる。国民全体がこうした公共的な機能を享受している。

既存の農業ががんばるためには、やりがいの確保、生産物の出口となる需要の確保、適正な販売価格の確保が不可欠だ。その意味で、学校給食などにおいて、地元産の安全でおいしい農産物を自治体が公共調達・買い取りする仕組みが広がりつつある。これによって子どもの健康を守りつつ、農家にとってのやりがいと出口と価格の確保も可能になる。

農家が地域の農地の保全に力を発揮することが大前提だが、あぜ道や水路の管理といった周辺作業や、周辺農地については、兼業的な農家や「半農半X」的な働き方の人々が受け持つなど、みんなで地域を守り、豊かなコミュニティ、地域循環的な自給圏をつくる「集落営農」などの取り組みも重要だ。そこに消費者も参画してほしい。

森永卓郎さんは、経済アナリストとして、また、獨協大学経済学部教授として、経済社会の変容のメカニズムを、理論的・歴史的・包括的に捉えている。

また、その一環で、自ら「自産自消」的農業を実践されている。とても示唆に富む『森永卓郎の「マイクロ農業」のすすめ』（農山漁村文化協会）という本で農業の進むべき方向性も論じている。

森永さんの活動に常々、感銘を受けていた私は、拙著『世界で最初に飢えるのは日本』（講談社＋α新書）に、大変温かい書評を書いてくださったのを読み、日本の未来、農と食と命を守るために、コラボできないかと思った。

その想いが、今回、こういうかたちで実現できたことに感謝したい。対談では、真実を伝え日本社会を救いたいという森永さんの強い覚悟に改めて感銘を受けた。

地域住民や近郊の消費者の間では、自分たちも生産に関わりたい、という声も強まっている。小松理虔《りけん》さんや斎藤幸平さんが「共事者」という概念を提唱されているが、まずはそうしたつながりから、消費者と生産者がつながり、ゆくゆくは一緒に作って一緒に食べるような関係を模索すべきだ。かつてトフラーが「プロシューマー（prosumer［producer＋consumer］）と名付けたような、生産者と消費者の一体化、森永さんの言う「自産自消」的な取り組みによって、地域循環的な自給圏が各地に構築され、拡大していくはずだ。それこそが食と命と豊かな地域社会を守るための道筋ではないだろうか。

二〇二三年二月

国民は知らない「食料危機」と「財務省」の不適切な関係／目次

第一章　世界経済はあと数年で崩壊する

第二章　絶対に知ってはいけない「農政の闇」

第三章　アメリカの「日本搾取」に加担する財務省

第四章　最後に生き残るためにすべきこと　鈴木宣弘

第一章　世界経済はあと数年で崩壊する

台湾有事で日本は飢える

森永卓郎（以下、森永）　鈴木先生が『世界で最初に飢えるのは日本』（講談社＋α新書）のなかで、日本の食料自給率は三七パーセントしかないので、真っ先に飢えると書かれていますよね。でも、都市に住んでいる人って、いま起こっている危機を正確に把握していないと思います。

食料自給率が三七パーセントはあるから、まあ四割は食えるはずだ、東京に住んでいる自分たちは、その四割に入っているはずだと、そう思っているんじゃないか。

でも、現実はそうじゃないんですよ。太平洋戦争のときもそうでしたが、いざ食料危機が起きたときに何が起こるか。食料の作り手である農家は、食料危機になっても一〇〇パーセント食えるんです。当たり前ですよね。自分で食料を作っているならまず自分の分を確保するんです。

ただそうすると、都会の人に食料が回る分は、三七パーセントじゃなくなる。もっと減って、都会の人は食うものがなくなるんです。太平洋戦争のときにはこれが現実に起きています。

結局、都会の人はリュックを背負い、北関東あたりまで列車で行って、着物とかを差し出し、なんとか食料を分けてください、お願いしますと平身低頭して、わずかなお米と交換してもらって帰ってくる。これが現実に起こったことです。

何かあれば、大都市住民は真っ先に、極端に飢えることになるんですよ。

鈴木宣弘（以下、鈴木）　その通りですよね。現在四割あると言っても、都会の人にはだれも回してくれませんから。

森永　ウクライナがロシアの侵攻を受けながらも、二年も持ちこたえられたのはなぜかというと、あの国には食料があるからです。世界有数の穀物生産国ですから。だからウクライナは一致団結して戦えるんです。飢えないんです。

安全保障とは何かをもっと真剣に考えるべきです。防衛費を倍増しミサイルを何百発も買うだけではダメ。国民が飢え死にしない体制をつくるために国の予算を使うことこそ最優先ですよ。

鈴木　まさにその通りです。先生、もっとテレビで言ってください。

森永　言ってはいるんですけどね。

コオロギ食やイモでしのぐことになる

鈴木　トマホークとか、オスプレイに莫大なお金を投じても、食料を確保できなければ終わりです。食料をほとんど自給できていない日本が、戦争に突入すればどうなるか。台湾は日本のシーレーンの要衝です。もし中国が台湾を軍艦で囲んで封鎖すれば、日本もまたシーレーンを封鎖されたも同然です。たとえ戦闘にならなくても、それだけで海外からの食料輸入が途絶えてしまう。

戦う前から飢え死にが確定しているのです。太平洋戦争の二の舞いです。なのに、防衛費だけは増税してでも増やすとしながら、食料生産に回すお金はどんどん削られているのが現実です。これは異常事態ですよ。

本当に有事に突入すれば、食べるものがないから、コオロギをかじることになる。トマホークやオスプレイはかじれませんから。でもそんなことで、いったいどれだけの人が生き延びられるのでしょうか。

森永　二〇二三年だったかな、農水省が有事の対策を発表しましたよね。いざとなれば食料は配給制にして、みんなでイモを植えてしのごうという。

鈴木　ええ。有事に食料危機が起きた場合、花農家などに強制的にイモや米を作るよう命令するための法律を用意すると報じられました。

森永　あれを見て、農水省の人間って農業をやったことがないんじゃないかと強く思いましたね。

たとえば、米を作る場合は、米を作る基盤が必要なんです。水田を作り、毎年維持しているから米を作れるんです。一度水田を潰してしまえば、そう簡単に復活させられない。イモだって同じです。まずは畑を耕さなきゃいけない。連作障害の対策もしなければならない。同じ場所で同じ作物を作り続けると生育が悪くなったりしますが、これを「連作障害」と言います。米以外の作物は基本的に連作障害がありますから。

そこまではできたとしても、いまの日本人はイモなんてどうやって植えればいいかだれもしらない。ふだんから農業をやっていない人に、食料が足りないので今日からイモを作れと言ったって、できやしないんです。

私は農業を五年やっているんですが、思った通りに収穫できる率ってまだまだ半分ぐらいなんですよ。そんなに難しいのに、いきなりイモを植えて、期待通りに収穫できるわけがない。こんな簡単なこと、農水省の人間はなぜわからないんだろうと。

「バカじゃねえのか?」農家の怒り

鈴木　日本でわざわざ食料を生産しなくていい、海外の安い農産物を輸入するほうが効率的なんだと、そういう考えの人が政府の議論を仕切っています。実際には中国の爆買いや、円安の悪影響で、輸入も簡単ではなくなってきている。なのに、輸入しておけばいいという人がまだまだいる。後述する食料・農業・農村基本法の議論でも、こうした意見が見られました。

本当に有事になれば、有事立法を作って、食料の配給制などを実行することになるでしょう。机上の計算では、お花畑を潰してイモを作り、一日三食イモを食べていれば、なんとか一日二〇〇〇カロリー程度は賄えるはずだと。

森永　お花を育てている農家が「そんなことできるわけねえだろ!　農水省はバカじゃねえのか?」と怒っていましたよ(笑)。

鈴木　そんなひどい案でも、いざというときはこれでしのぐつもりなんです。政府が命令する以上はこれに従えと。一方で、いまから有事の食料不足に備えるための、農業予算の拡充はやらない。それどころか、非効率的な日本の農業なんか、どんどん縮小すればいいんだと議論しているわけです。

政府がやるべきことは逆です。平時のうちから、食料を自給するための仕組みや、それこそ森永先生が主張される「マイクロ農業」を応援するような仕組みを強化しなければならない。そのためには、日本の農業の強化にもっと予算を使う必要があります。

しかし、それはやらずに、「日本に農業はいらない」という議論を展開し、いざというときには庭にイモを植えてしのげと。彼らは農業の現場をまったくわかっていないのです。

森永　でしょうね。おまえら、一度農業やってから言えよ、って思いますよ。

アメリカより物価が上がる日本

森永　ウクライナ戦争で、「食料なんて海外から輸入すりゃいいんだ」じゃダメだってよくわかったはずです。二〇二三年六月の日本の消費者物価指数は、アメリカを上回りました。あれだけインフレだと騒がれているアメリカより、日本の物価上昇率のほうが高かったんですよ。

なぜそうなったかと言えば、食品価格の上昇が日本を直撃しているからです。

これまでは食料をガンガン輸出していた国でも、戦争の不安や、気候変動による干ばつの影響などに直面すると、まず自分の国で必要な分を確保しようとする。いまや世界中がそうした行動に出ています。

そうなると当然輸出に回す食料が減り、値段が上がるので、輸入ばかりしている日本が一番被害を受ける。

いまさかんに危機感が煽《あお》られている「有事」には、これと同じことが、より極端なかたちで起きるのです。


鈴木　森永先生のおっしゃる通りです。世界中の国が、食料を外国に売っている場合じゃないと、輸出規制に走っています。その結果、食料価格が上昇し、簡単に買えなくなりつつある。値段が上がるだけでは済まず、いずれは輸出してくれなくなることも考えられます。

インドは世界二位の小麦生産国ですが、ウクライナ戦争の影響で、小麦価格が上昇したことで、国内の安定供給のため小麦の輸出を禁止しました。

それに加えて、二〇二三年七月、インドは米の輸出も禁止してしまいました。

小麦の輸出が減り、価格が高騰すると、代わりに米を食べようということで、代替需要が発生します。その影響で今度は米の価格にも上昇圧力がかかってくる。いま世界の食料価格はそんなふうに連動して上昇している。

インドの動きを見て、これは危ないということで、同調する国が増えています。いま世界で食料の輸出規制を行う国は三〇ヵ国を超えています。

この動きが広がると、日本のように食料自給率が低い国は、食料が買えなくなる危険がある。一番怖いのはそこだと思うんですよ。

世界のどこかで核戦争が起きれば日本人は飢え死に

森永　もっと極端な状況だって考えられるんです。いまロシアが暴走してウクライナ戦争において核兵器を使用することが懸念されていますが、プーチン大統領が核兵器を一発でも使えば、世界の食料事情は一変してしまう。

核戦争が始まれば、どの国も自分たちの食料確保が最優先になる。もうだれも食料を輸出しようとしなくなります。

図① 核戦争による犠牲者の試算（米ラトガース大などの研究チームの論文から）

核兵器使用数（発）	核兵器の威力（キロトン）	粉じん発生量（百万トン）	被爆による死者（億人）	2年後の世界の餓死者（億人）	**日本の餓死者（億人）**
100	15	5	0.27	2.55	0.72
250	15	16	0.52	9.26	0.98
250	50	27	0.97	14.3	1.09
250	100	37	1.27	20.8	1.17
500	100	47	1.64	25.1	1.20
4400	100	150	3.60	53.4	1.25

※広島型は約15キロトン　※食料の国際取引なし、家畜用飼料の半分を人間に回した場合
https://www.asahi.com/articles/photo/AS20220820001517.html

鈴木　『世界で最初に飢えるのは日本』でも紹介しましたが、核戦争が起これば、世界の物流が止まってしまいます。核爆発による破壊と被爆の影響を抜きにしても、それだけで日本は飢えてしまうのです。

アメリカのラトガース大学が核戦争による餓死者数を試算していますが（図①）、それによれば、核戦争で世界貿易が止まった場合、日本の餓死者は〇・七二億人～一・二五億人となっています。世界のどこかで核戦争が起こった場合、ほとんどの日本人は飢えて死ぬのです。

「一億総農民」になれば飢えない

森永　鈴木先生が書かれた『世界で最初に飢えるの

は日本』の現状認識にはまったく異論がありません。すべておっしゃる通りだと思います。
　その上で、こういう農業の現場で起きている問題の外側には、世界の政治・経済がいま大変動に直面しているという巨大な問題があると思っています。
　ちなみに、私は国民全員が農業をやる「一億総農民」をゴールに据えています。「自産自消」「地産地消」、農産物を国内で消費し自給率一〇〇パーセントを目指す「国産国消」。その先に「一億総農民」の時代が来ればいいなと。ただ、これを言うとけっこう反発もあるんですけどね。

鈴木　森永先生は『森永卓郎の「マイクロ農業」のすすめ』（農山漁村文化協会）の中で、自分で食べる分の野菜を自分で作る「自産自消」が当たり前になれば、日本全体の自給率も上がるし、食料の確保にもつながる、と主張されていましたね。

森永　ええ。根本的に一番問題だと思っているのは、都市の住民が農業を理解していないこと。農業って、やっぱり自分でやってみなければわからない。農業政策を仕切っている連中は東京に住んでいて、農業の実態を知らないまま、「生産性が低い日本の農業は問題だ」などと言っている。だからもっと農薬を使えとか、機械化して生産性を上げろ、という話になってしまう。

でも鈴木先生をはじめ、たくさんの方が、「化学肥料に頼らず収量を上げる方法はある」とおっしゃっている。私もきっとそういう方法はあるんだろうと思います。

まずは、「みんなが農業をやってみる」ことが大事じゃないかと。

鈴木　まさに森永先生自身が実践されていますよね。

森永　ええ。埼玉県所沢市の自宅近くに、六〇坪ほどの農地を借りています。農業をはじめたのは五年前、当時は群馬の昭和村という、新潟に近いところでした。

農業をやってみて「これ、面白いじゃん」と思っていたんですが、新型コロナ感染症が拡大しはじめると、感染対策で、東京の人間は群馬に入れない、という話になってしまったんです。当時は東京の感染状況が深刻でしたから。

うちは埼玉だって抗議したんですが、群馬から見ると東京も埼玉も同じらしく（笑）、困っていたところに、妻が自宅の近所の畑を借りてくれた。耕作放棄地だったので、くわ一本で開拓するところからはじめました。

鈴木　素晴らしいことですよ。

三〇坪もあれば食べていける

森永　やってみないとわからなかったのは、自給するにはどのくらいの規模が必要なのか、という点。埼玉で農業をはじめてもう三年ですが、だいたい一アール、三〇坪程度あれば、家族で食べる分は十分作れる、ということがわかりました。

鈴木　たった三〇坪でそれはすごい。野菜だけの話でしょうか。

森永　正確に言うと、いまは二アール、六〇坪やっています。新しく借りたんですよ。もう一アールのほうで、スイカとメロンを作っています。こちらは自給する分というより、完全に趣味の領域。

野菜は二〇種類ほど作っています。トマト、ミニトマト、キュウリ、ナス、ピーマン、シシトウ、トウガラシ、アスパラ、大葉、ジャガイモ、サツマイモ、サトイモ、ヤーゴンイモ。あと、ネギ、タマネギ、インゲン、枝豆、スナップエンドウ等々。こんなにたくさんの野菜でも、びっちり植えれば三〇坪の畑で十分できるんです。それがわかったのが、この三年間の「一人社会実験」の大きな成果ですね。

鈴木　かなり小さな面積でも、自分の食べる分を作れると、ご自分で実証されたわけですね。国民一人ひとりが「マイクロ農業」をはじめて、「自産自消」に取り組めば、日本の食料問題は解決できるという証拠ですよ。

森永　実はもう一つわかったことがありまして。いまの畑は家から歩いて三、四分のところなんですよ。なので、自宅からホースを伸ばしても届かない。正確には、届くんですけど、他人の家の間を通さなきゃいけないのでできない。だから、畑に水を撒《ま》くためにポリタンクに水を汲んで、自転車で運んでいるんです。

ただ私も六六歳なんで、さすがに体力が落ちてきた。一回に撒く水の量は三〇キロから四〇キロほどあるんですけど、自転車で運ぶと危ないんですよ。

鈴木　たしかに。

森永　何度も転んだので、三輪の自転車を買って、とくに重いときはそれで運んでいます。ただ、やっぱりホースで水を撒けるほうが圧倒的に強い。だから、畑は自宅と隣接しているほうが断然有利なんです。

鈴木　なるほど。実践を通して発見なさったんですね。素晴らしい。

森永　農地と家が融合しているほうが、ライフスタイルとしては正しいんだろうと思います。

農地を買えなくしてしまった農水省

森永　先ほど埼玉県に住んでいるという話をしましたが、うちは市でいうと所沢市なんです。西のはずれで、入間市に近いところ。

所沢と川越の中間地点が三富《さんとめ》地域といって、「下富《しもとみ》」「中富《なかとみ》」「上富《かみとめ》」という「三富新田」を中心に、川越市、所沢市、狭山市、ふじみ野市、三芳町の五市町にまたがる地域。農地が五割という農村地帯です。

ここは江戸時代に開拓された地域で、開拓民は短冊状の土地に住み、同じ土地で農業をやっていました。三割くらいが家、真ん中の五割くらいを農地にあてて、残りの二割が林になっている。うちの畑も恐らくこういう土地だったようです。

林もあるので、果樹が植えられているんです。うちには柿の木があるんですが、落葉がバーッと落ちてくるわけです。その落葉と、刈り取った雑草を積んでおくと、半年も経つと堆肥になる。だから落葉や雑草を積んで、下からかき出して、畑に戻すという作業をやるだけで、有機農業ができるんです。

鈴木　循環できるものが最初から揃っているわけですね。

森永　そう。この三年間農業をやった結論として、これが一番合理的じゃないかと。

鈴木　なるほど。

森永　ただ、それがなかなかできない。一坪単位で農地を買える市町村もあるんですけど、何百坪ぐらいの単位じゃないと農業委員会がうんと言わない場合も多い。所沢市だと買えないんですよ。

鈴木　市町村によって違うんですね。

森永　昔は一律ダメだったんですが、いまは市町村ごとに柔軟化がはじまっている段階ですね。

　農業を集約化し、大規模化するという方向で、農水省がずっと突っ走ってきた結果ですね。その方向性を完全に否定するわけではないけど、私は逆の動きのほうがいいと思っているんです。

鈴木　なるほど。いずれそういった規制は緩和されるでしょうから、日本全国どこでもマイクロ農業がやれるようになるでしょうね。

そうなると、東京に住んでいる人も、郊外に畑と林つきの家を買うようになるかもしれません。家を含めるとどのくらいの広さが必要なんですか？

森永　一五〇坪もあれば、一世帯が住み、畑を持っても余裕があると思います。一〇〇坪でも足りるかもしれません。

鈴木　それが可能な地域をもっと作る必要がありますね。

森永　はい。ただ、その視点がいまの農業政策にないのが問題です。

鈴木　ないですね。まったく逆に行っています。

ビル・ゲイツの「デジタル農業」で東京がスラム化

鈴木　コロナ禍によって大都市に密集する危険性が広く認識されました。都市を離れ地域社会に密着し、環境や健康に配慮して豊かに暮らそう、という気運が出てきたと思います。なのに、国の農業政策はそうした動きに逆行し、目先の効率性ばかりを考えています。

とにかく農地を大きくして、生産コストを下げる。できれば大企業に農業参入をうながし、農業を徹底的に効率化したいと。少子高齢化の日本では、農業従事者も非常に高齢化しています。だから農業をもっと企業化して人手を確保しようとしています。

食料・農業・農村基本法という、「農業の憲法」のような法律があるのですが、これが二四年ぶりに改定されようとしています。食料・農業・農村政策審議会の「中間とりまとめ」が公表され、早ければ二〇二四年の通常国会にも改正案が提出される見込みです。

コロナ禍、ウクライナ戦争、また将来の台湾有事も視野に、食料安全保障を構築しようという方向性はわかります。ただ、現在のところ、森永先生が主張されるような「マイクロ農業」を含めて、多様な担い手によって農業を支えていく、という発想は欠如しています。むしろ、専業農家に加えて企業の参入を促進する方向が打ち出されているのです。

企業の参入を優先すればどうなるか。各地域に、目先の効率を追う農業だけが残っていく。それで企業は儲かるかもしれませんが、地域の生活は破壊されるかもしれません。また、目先の効率を追って、お花とか、高付加価値の作物ばかり作ってしまうと、いざというときに食べるものがなくなってしまう。農業を活性化させたはずが、食料自給率が低いままということもあり得るのです。

近視眼的な利益しか見ていない人たちに、農業を任せてはいけないのです。

グローバル資本主義、市場原理主義はもうダメだと、反省していると思ったんですけどね。コロナやウクライナを見れば、当然そう思うはずだと。外から物が入ってこなければ、グローバル資本主義なんて成立しないですから。

しかし、現実はまったく逆に動いています。以前、マイクロソフトの創業者ビル・ゲイツ氏が、農地を買い占め、「全米一の農場主」となったと報じられました。彼の狙いとしては、ドローンやAI技術によって農業をデジタル化し、一手に牛耳りたいわけです。日本の農業政策がこのままであれば、いずれ大半の農村にそうした「デジタル農業」が導入され、代わりに従来の農家は追い出されてしまうでしょう。

追い出された人々は、東京をはじめとする大都市に行かざるを得ない。そうすると、大都市でも十分に仕事を得られなくなるので、スラム化の恐れがある。

それ以上に問題なのは、地域の農業を企業化し、デジタル化しても、結局一部の人間が儲けるだけで、肝心の食料自給率が高まるとは限らないこと。先ほども言ったように、効率的、生産性の高い農業をやるということは、商品価値の高い作物だけを作るということ。農薬や化学肥料の大量散布による弊害も懸念されます。

そうなってくると、ますます日本人は有事に飢えるしかなくなる。

そうなる前に、森永先生の提唱する「マイクロ農業」の発想を、農業政策に活かすべきだと思います。

資本主義は人間の命を大事にしない

森永　農業って、株式会社がやってはいけないものだと思います。病院の経営って、なんだかんだ医者が関わっていて、経営のプロがいても、理事長はお医者さんといったケースが大部分です。なぜそうかというと、もちろん医療は人の命に関わるからです。

農業も同じく人の命に関わっていますので、株式会社という資本主義の仕組みに任せるのは危険です。資本主義は無限に利益を追求する仕組みなので、人の命のことなんか考えませんから。

鈴木　極端に言うと、そうですね。

森永　アメリカをはじめ先進国で行われているあの大規模農業というものを、私はぜんぜん信用していないんです。

除草剤に耐性を持つ作物を遺伝子組み換えで作っておいて、飛行機やドローンから強力な除草剤をブワーッと撒く。雑草は枯れてしまうものの、遺伝子組み換え作物は生き残る、といった農業が行われていますよね。

私は一応有機農業をやっているんです。農薬はまったく使っていないんですが、化学肥料はごくわずかだけ使っています。

今朝も五時に起きて草取りしていたんですけど、もう地獄なんですよ。雑草って、取っても取っても、びっくりするぐらいのスピードで生えてくる。だから除草剤を使いたいという気持ちはわかる。

鈴木　日本では畑の作物に農薬を直接かけることはありませんが、あぜ道なんかに除草剤を撒くことはあります。

森永　でも、あぜ道にかけた農薬だって、当然畑や田んぼに流れると思うんですよ。

「虫が食わないキャベツ」は逆に危険

森永　私が農業をはじめて二年目のころ、まだ群馬でやっていたときの話ですが、当時は田んぼもやっていたんです。すると隣で田んぼをやっている本業の農家のおばちゃんに滅茶苦茶怒られました。何で怒られたかというと、農薬を使っていなかったから。

「あんた、無農薬でやってるんでしょ。あんたのおかげでイナゴが大量発生して、うちにも来るのよ。ふざけんじゃないよ。無農薬で田んぼをやろうなんていう素人は許せねえ」って、すっごい怒られたんです。

そのときは謝ったんですけど、でも冷静に考えると、自分が悪いとは思えなかった。イナゴもいない田んぼが果たして正しいのか。私が子どものころなんて、イナゴがたくさんいたので、集めて佃煮にして食ってたんです。そんな時代に育っているので、生き物がいない田んぼってやっぱり変だと思うんですよ。

私、ちょっと前まではキャベツをずっと作ってたんです。でも無傷で収穫できたことなんて一回もない。必ず虫に食われるんです。ひどいときは夕方に見て、明日の朝収穫しようと思って、翌朝行くと、半分食われている。それを見て妻がキレたんです。

「どうして虫の食い残ししか食えないんだ」

って（笑）。体にいいから虫が食ってるんだよって、言い返しましたけどね。

有機農業で自分で作った野菜を食べると、何となく大地の味がするんですよね。農薬を使ってきれいに作った野菜って、なんていうか、透明でプレーンな味がするんです。えぐみがないんです。でも、オーガニックで作ると大地の味がする。

以前、大分で仕事をして、地鶏を買って帰ったんです。妻が調理して息子たちに出したら、何か妻に耳打ちしてる。息子たちは何と言ったのか聞くと「お父さんが買ってきた鶏肉は腐ってる。変な味がする」と。

息子たちはブロイラーしか食べたことがないから、地鶏の味を腐っていると誤解したんです。それくらい、ブロイラーの味って透明なんです。味がしないんです。

鈴木　都会の人はそういう野菜に慣れてしまってますよね。野菜も肉も、本来の味がしなくなっています。でも、本当の自然の味というのは、先生がおっしゃったように大地の味というか、ちょっとクセがあるものなんです。自然の摂理に従って育てた野菜は本来の味がするんですよね。

森永　かたちも曲がってるし、虫の食った跡もある。でも、農薬と化学肥料で育った野菜を食べるよりはよほどまし。

鈴木　そうですね。味だけじゃなく、健康の面でも安心ですよ。農産物を大量に流通させる中で、曲がった、虫が食った野菜や、カメムシの斑点がついたお米なんかを排除してしまっていることも問題ですよね。そっちのほうがおいしくて、安全なのに。

森永　そうなんです。だから私、日本の消費者の意識を叩き直さないといけないと思っているんです（笑）。自分で野菜を作るとだれでもわかると思うんです。

曲がってもいない、虫も食っていない、傷もついていないきれいな野菜って、もしかすると非常に危険な食べ物かもしれない。でも都会の人はそれに気づいていないし、ライフスタイルを変えようとはしない。

一番インフレに強いのは米

森永　小麦の値段が上がり、食用油とか、ありとあらゆるものの価格が上がっていますが、国内で自給している米の価格は上がっていません。

私はコロナが発生した当初から「米を食おうぜキャンペーン」を一人ではじめて、ラジオやテレビでアピールしてきました。

鈴木　ありがとうございます。

森永　けど同調してくれる人はぜんぜん増えなかったんです。

鈴木　あ、そうなんですか（笑）。

森永　それもおかしな話なんですよ。市場原理が働いていないってことですから。実質賃金が下がるなら、価格が安い米の消費が増えないとおかしい。生活が苦しいならもっと米を食えよって思っていたんですけど、みんなあまり食わないんですよねえ。

鈴木　おかしいですね。

森永　おかしいでしょ。でも、それぐらいみんなが毒されちゃっているということ。日本経済の仕組みを変えるだけじゃなくて、日本の消費者の考え方を根本から変えないとダメだと思うんです。

鈴木　そのために、まず自分で農業をやってみようという。

森永　プランター一つからでいいので。やる気になれば簡単にできるんですよ。

鈴木　先生の思いはかなり広がりつつあると私は思いますよ。私も全国各地を回っていろいろなお話をさせていただいていますが、自分で食べる分の野菜を作りたいという方は増えています。

先生、もう少しですよ。

霞が関は解体して福島に移転すべき

森永　私も同じようなことをあちこちでお話ししているんです。すると世田谷に住んでいる私の友人が賛同してくれて、つい半年ほど前に、ようやく抽選に当たったので畑を借りたと連絡がありました。

いくらで借りたか聞くと、一坪で月に一万三〇〇〇円だと言うんですよ。「月一万三〇〇〇円もかかると、スーパーで野菜を買ったほうがはるかに安い」と、その人が言っていました。

ちなみにうちは六〇坪借りていますが、タダなんです。生産緑地に指定されていて、私も耕作者名簿に入っています。だから、私は法律上農民なんです。ただ、地代は払っていない。地主にはスイカを持っていくだけ（笑）。

なので、東京で「マイクロ農業」をやるのは難しいと思います。東京の土地の価格って、坪三〇〇万もする。でも、うちは東京から一時間半くらいのところですが、坪五〇万です。うちから三〇分ほど行ったところに、埼玉県ときがわ町があります。八高線《はちこう》の明覚《みょうかく》駅が唯一の駅という町なんですが、私の友人のノンフィクションライターが家を買い、シェアハウスを運営していて、坪五万だって言っていました。

鈴木　そうですか。まだ先生がお住まいのところは都会なんですね。五〇万ってけっこう高いですよね。

森永　うちは駅から遠いので坪五〇万で済むんですが、もっと駅に近いところだと、恐らく坪一〇〇万近くしますよ。大都市で畑をやるのは現実問題としてなかなか難しいんです。

鈴木　先生が「トカイナカ」と呼んでいるような、大都市から少し離れたあたりに移動する人がもっと増えればいいですよね。

森永　仕事にもよりますよね。作家とかそういう仕事の人なら、東京まで二時間かかる土地でも何の問題もない。

私は生活の全拠点を所沢に移しましたが、東京の事務所も残してはいます。朝早い時間のラジオの仕事があるので、これより遠くに住むのは厳しいかなと思っています。

ただ、いまでは技術が進化していて、電話の収録でもぜんぜんＯＫ。アプリを使えば、スタジオと同じぐらいの音質で家から配信できる。デジタル技術がもっと進化すれば、わざわざ東京に住む必要がなくなるはず。

とはいえ、世の中は再びオフィス回帰に動いています。どこの会社にもおバカな上司がいますが、自分のどうでもいい小さな権力を行使するために、部下を近くに置いておきたがるんですよ。こういう構造をぶっ壊すべきだと思っているんですが、なかなか難しいんですよね。

私は大学の教授でもあるんですが、今後も大教室の授業はリモートにしようと思っていたところ、リモートワークは原則禁止になりそうです。

鈴木 対面授業に戻せ、という圧力がありますよね。

森永 文部科学省がそう言ってくるんですよ。

鈴木 せっかくリモート授業が普及したんだから、もっと活用すればいいのに。

森永 世の中を変えるのは大変ですよ。

鈴木 でも、そういう方向に変わってくれれば、地方も豊かになるし、食料自給率も上がって有事にも強くなる。日本の国土、環境、伝統文化の維持発展、持続可能な社会に大いに貢献するでしょう。

ロシアに「ダーチャ」という農園付きの別荘がありますが、まさに先生が言われるマイクロ農業が行われています。旧ソ連が崩壊したときに経済危機が発生し、ロシア国民は経済危機に陥りましたが、それを救ったのは、ダーチャからの食料供給だったとも言われていま す。「マイクロ農業」は有事の備えになるのです。

森永　日本の政治家は大半が大都市の住民です。岸田総理の選挙区は広島ということになっていますが、広島で暮らしたことはありません。公邸に移る前は赤坂の議員宿舎に住んでいたんです。

議員宿舎って、超豪華なタワマンですよ。だから大都市の発想しかできないんです。霞が関なんて一度解体して福島に移転したほうがいいのではないでしょうか。

富裕層は庶民の一万倍も環境を汚染している

森永　グローバル資本主義はもう限界に近づいています。きわめて近い未来、具体的に言えばあと二年ぐらいで崩壊すると思っています。

鈴木　あと二年ですか。

森永　ええ。なぜ二年かというのはあとでご説明しますが、マルクスは『資本論』で資本主義の崩壊を予言しています。私は大学生のときに『資本論』を読もうとしましたが、三回挑戦して三回とも挫折しました。そのくらい難解な本です。

東大の斎藤幸平先生が説明してくれていますが、資本主義の発展がピークに近づくと、社会における所得格差が許容できないほどに広がります。ちなみにオックスファムという国際NGOの調査によると、世界人口のうち、所得が低い下半分にあたる三八億人の金融資産と、所得上位二六人の資産額は同じだそうです。つまりマルクスの予言がいまや現実になっているのです。

また、地球環境の崩壊もマルクスは予言しているそうです。世界のGDPと温室効果ガスの排出量って、見事に比例しているんですよ。しかも、格差が拡大すると温室効果ガスの排出量も増えるんです。推計によって違うんですが、少なく見積もっても、富裕層は庶民の一〇〇倍、極端な数字では一万倍の温室効果ガスを排出しているんです。

アメリカの富裕層が、買い物や仕事にプライベートジェットを使うからです。そんなバカなエネルギーの使い方をしているから、庶民の一万倍もの温室効果ガスを出してしまう。アメリカの富裕層ほどではなくても、タワマン住民は庶民よりも環境に負荷をかけています。

タワマン最上階のペントハウスまでエレベーターに一回乗るだけで、何十円という電気代がかかっています。

タワマンってベランダに洗濯物を干せないので、乾燥機で乾かすことになる。しかも全室空調完備で、人がいないときにも空調が作動している。水だって電動ポンプで汲み上げなければならない。なにもかもが電気で動いているので、庶民的な生活より多くのエネルギーを使うことになる。

地球環境はあと五年で壊れる

森永　二〇二三年七月は世界中が猛暑でした。世界の平均気温は史上最高を更新し、「歴史上最も暑い年」と言われています。

パリ協定では世界の平均気温の上昇を産業革命前に比べてプラス一・五℃までに抑えるとしています。そうしないと地球環境が壊れてしまうんです。しかし、世界気象機関という国連傘下の組織が、二〇二三年五月にその地球環境が壊れる水準まで今後五年以内で到達する可能性が六六パーセントと発表しています。地球環境はあと五年以内に壊れちゃうんですよ。三分の二の確率で。

鈴木　そんなに切迫しているんですか。
森永　ええ。二〇二三年八月、埼玉県ではずっと雨が降らなかったんです。私、くわで畑を耕しているんですが、通常は土を少し掘れば水分がある。でも二〇二三年は掘っても掘ってもまったく水分がないんです。こんなことは初めての経験でした。
　干ばつが起きると地面にひび割れが走りますが、まさにあの状態になってしまったんです。作物もみなダメになってしまった。トマトは花が咲いていないし。例年はだいたい一二月上旬くらいまで収穫できるんですが、二〇二三年はぜんぜんダメ。
　一番被害を受けたのがスイカ。スイカって、水がなくなると、ボンッて割れるんです。二〇二三年は夏まで絶好調で六〇個近くできていたんですけど、猛暑で半分が割れてしまいました。
鈴木　それは水を補給してももう間に合わないんですか。
森永　水を補給したんですけど、自転車で運ぶから、一日に撒けるのはせいぜい一〇〇リッターぐらいが限度なんです。それくらいじゃぜんぜん足りなかったんですよ。もっとトン単位で撒かないといけないぐらい、土がカッサカサになっちゃってて。
　私が農業の素人だからそうなったのかと思ったんですが、本業の農家に聞いても似たような状況だったようです。鳥が渇水で死んでしまったといいます。

農薬と化学肥料が問題を悪化させている

鈴木　先生のところは有機農業に近いかたちだから、まだ良かったのかもしれませんよ。化学肥料や農薬をたくさん使う普通の農業だと、もっと深刻な被害が出ているかもしれない。化学肥料と農薬の大量投入で、土壌の微生物が死んでしまっているから、畑の保水力が落ちているんです。だから渇水時にはどんどん水を撒かないと間に合わない土壌になってしまっている。

先ほどのグローバル資本主義は環境に悪い、世界のごくわずかな富裕層の生活には大きな問題がある、というお話を聞いて、なるほどと思いました。利益追求、市場原理主義に陥り、「今だけ、金だけ、自分だけ」で、目先の利益しか考えない経済ができ上がっている。地球環境や健康に悪かろうが、とにかく売れればいい。そんな考えのもとに、「緑の革命」の名目で、化学肥料と農薬を大量投入する農業が普及し、土壌も水資源も劣化しつつあります。

森永　もうそういう資本主義が限界にきているんですよ。

私はシンクタンクにいたのですが、日本が援助している国々に行き、その援助効果を経済モデルを使って計測するという仕事をやっていました。それでベトナムに行ったとき、統計総局で、生産関数という生産量を推計する式を見せてもらったんです。普通、生産関数には「労働」と「資本」が入っているんですが、ベトナムでは「化学肥料」という要素が入っているんです。どうしてか聞いたら、「肥料はぶっこめばぶっこむほど収量が増えるんです」と言う。これは事実なんですか。

鈴木　事実ではないと思いますけどね。肥料を増やしても収量の増加には限界があるはずなので。

森永　ベトナムは「三期作」をやっているんです。つまり、年に三回も米を収穫する。実際に田んぼを見に行ってみると、ダンプがあぜ道に止まっていて、その荷台に山盛りの化学肥料が積まれていました。で、その荷台をバーンと上げて、大量の化学肥料を田んぼにぶっこんでいるんです。

私、びっくりして声を失いましたよ。そんな常軌を逸するようなことが、利益追求の名目で行われているのが、いまのグローバル資本主義のやり方なんです。

鈴木　発展途上国の問題を研究する「開発経済学」という分野がありますが、その中でも、市場原理主義がまかり通っています。とにかくすべての規制を撤廃し、貿易を自由化すれば、発展できるんだと主張していますから。

その結果何が起こるかと言うと、その国の伝統農業を潰し、アメリカが輸出する農産物に依存することになる。追い出された農民たちは、欧米諸国が経営するプランテーション（大規模農園）の労働者として、ぼろ雑巾のようにこき使われる。そういう国になってしまうんです。

二〇二五年に最終ステージが到来する？

森永　そうなんです。鈴木先生がおっしゃったいまの問題が、実はマルクスの三つ目の予言なんです。

マルクスは「仕事の自律性の喪失」という難しい表現を使っていますが、要するに、人々が資本の奴隷になってしまい、やりたくない仕事を強要されるということ。楽しい仕事を選択する権利が失われ、「労働の楽しさ」というものもなくなる。

いわゆる農民は、もともと全員が一国一城の主で、仕事のことは全部自分で決められたわけです。何を植えるか、どういう土づくりをするかとか、全部自分で決められた。しかし、土地を奪われ、資本家に使われるようになると、仕事は楽しくないんですよ。

鈴木　一つの歯車に過ぎませんからね。

森永　はい。私がやっている畑って、全体は一ヘクタールぐらいあるんですよ。それを一〇人ほどで分割しているんですが、周りの人は元サラリーマンがほとんど。どうして農業をはじめたのか聞いてみると、「だって楽しいじゃん」と、全員同じ答えなんです。

なぜ楽しいかというと、「自由だから」。

みんな儲けることが目的じゃないんです。

鈴木　人間性の回復につながっているんですね。

森永　ええ。人間らしい仕事を奪ったことこそ、この半世紀にグローバル資本主義がもたらした帰結です。

鈴木　なるほど。

森永　先ほど、グローバル資本主義はあと二年で崩壊すると言いました。なぜ二年後なのかと言うと、一九七〇年にオムロン（当時は立石電機）創業者の立石一真さんという人が「S

INIC（サイニック）理論」という未来予測学を作っているんです。科学技術や生産技術、人々の暮らしとの相互作用を考えて、長期の未来予測を行ったんですが、当時すでに、七〇年代以降の情報化社会の到来を正確に予想していた。その後のステージもぴたりと当てているんです。

SINIC理論はグローバル資本主義やネット社会の到来を正確に言い当てているんですが、それによるといまは「最適化社会」という、人々が自分自身の端末を持って、一人ひとりのニーズを把握できる段階。ちなみにSINIC理論では二〇二五年ごろに最終ステージが到来するとしていますが、それは「自律社会」、つまり、人々が自ら律する社会になると予測しているのです。

立石さんは自律社会には三つの柱があると言っていて、私はその点にすごく感銘したんです。一つ目の柱は「自立」。二つ目が「連携」。一見すると矛盾しているんですけど、よく考えると矛盾しないんですね。

で、三つ目の柱が「創造」、クリエイティビティなんです。

私の解釈では、近い将来、一人ひとりが自立する社会が訪れる。つまり「自産自消」の時代。食料だけじゃなく、エネルギーも太陽光パネルなどによって自給するんです。

その上で、「連携」し、お互いに助け合う。グローバル資本主義が終わるとそういう社会になるんです。

「助け合いができない人」は次の時代に詰む

森永　うちは野菜をほとんど買わないのですが、冬場は収穫できないので、自分で作った分では足りないんです。でも、隣の人から交換してもらったり、分けてもらえるのでなんとかやっていけるんです。

隣の人はもう八〇歳を超えているんですけど、農業マニアのような人で、自然薯も作っているんです。自然薯って土の中深くまで伸びるから、収穫が難しくて、普通は土の中に雨樋のようなものを斜めに這わせて、自然薯が深くまで伸びないようにする。でも隣の人は、そのやり方は自然の摂理に反すると言って、下へ伸ばすんですよ。当然、収穫時は一六〇センチほども掘らなきゃいけないので大変（笑）。ほとんど土木作業なんですけど、それでも自然な方法にこだわっている。そんなやり方でもお互い助け合っているからやっていける。

鈴木　なるほど。まさに「連携」ですね。

森永　私はずっと東京で仕事をしてきたので、これまであまり地域社会と関係をもたずに生きてきた。でも、畑をやるようになって、近所の人たちとも付き合うようになったんです。「自立」し、人と「連携」しながら、クリエイティブな仕事をする。農業はアートだと言っているんですが、まさに自分の創造性を自由に発揮できる舞台なんですよ。

ちょっと脱線しますが、私は大学でも教えていますし、ラジオやテレビの仕事もしている。実は童話作家や小説家でもあるし、落語家もやっているんです。最近はミュージシャンの仕事も始めて、「目指せ紅白」と言っています。ぜんぜんお金にならないんですけどね。でもこのあいだ、ついに東京国際フォーラムのホールAで、四〇〇〇人の観客の前で歌いました。ラジオのイベントだったんですが、もうすっごく気持ち良くて。

鈴木　すごいですね。あらゆる分野を網羅しつつありますね。

森永　次は東京ドームだと言って、ラジオ局には嫌がられているんですけどね。

私の話はさておき、いずれ皆がそんなふうに生きる時代がやってくると思うんですよ。我慢して都心に住み、資本家に労働力を売り渡す生活はいずれ終わり、皆が好きなことをやって人生を楽しむ時代がくる。

逆に、労働者になる以外に稼ぐ手段がない人は今後危険だと思う。税金と社会保険料がどんどん上がっていますから。そうなると、これまでの暮らしを維持するために、働く時間を余計に増やさなければならなくなる。

いまの政府は滅茶苦茶です。日本の年金制度は危ない。五年に一度、財政検証と言って年金制度が持続できるかを調査するんですが、いまのままだと二〇四〇年には男性の半数は年金では暮らせず、七五歳まで働くことになるんです。でもいま、男性の健康寿命って七二歳台（二〇一九年）なんですよ。介護施設から仕事に行けというのか。

問題は、そんな社会で生きるのが幸せなんですか、ということ。私は畑をやっていれば幸せ。自由だから楽しいんですよ。

現代人は農業と隔離された生活を送っている

森永　猛暑でスイカが爆発した話をしましたが、この前、その爆発したスイカを見ると、クワガタが食らいついていたのでびっくりしました。「カブトムシやクワガタにスイカを与えてはいけません」ってよく言われますが、カブトムシも食らいついてましたよ。

鈴木　自分の畑でカブトムシやクワガタが見られるなんて楽しいことですよね。ワクワクしますよね。

森永　うちは「トカイナカ」なので、子どもたちが小さいころから、カブトムシはいくらでも捕えられました。でも、子どもを東京のデパートに連れていって、昆虫売り場を見に行ったことがあって。「あのクワガタを買ってほしい」と言うので、「近所でいくらでも捕れるじゃねえかよ」って言った。そしたら「お父さん、これ、所沢のと色が違う」と。子どもたちはこんなことが楽しいんです。

鈴木　親もそうだけど、子どもにとっても幸せな世界ですよね。目の前に畑があり、田んぼもある。クワガタだ、メダカだ、ザリガニだと、いろんな生き物がいてね。それだけでも郊外に住みたいなって思いますよね。

森永　この間、ニッポン放送のアナウンサーが取材に来たんです。それでうちの畑を見せて「何の野菜かわかる?」と聞いてみたら、もうびっくりするほどわからなかった。ニンジンもアスパラもわからない。

わかった野菜は一つもないんじゃないかな。たとえばイチゴなんかだったら、実を見ればわかるけど、葉っぱだけ見ても何なのかわからないんです。

それぐらい、多くの人が農業と隔離された暮らしを送っていますね。

鈴木　食べ物がどうやって作られているのか、農家さんがどういう仕事をしているのか、そういうこともわからなくなっていますよね。

森永　農業体験だけでもいいから、一人ひとりが農業をやってみる必要があるかもしれない。

鈴木　それを仕組みとして実現する必要があるかもしれませんね。

ビル・ゲイツ氏がやろうとしている「デジタル農業」とか、一部の人だけが儲かる仕組みにばかり予算を使っていないで、そういうことにもお金を使ったほうがいい。

すべての人が農業に関わりを持って、楽しく暮らせるような社会になれば、多くの問題が解決すると思う。地域での連携もあって、生きがいもある。子どもたちも自然にも触れて健やかに育つ。子どもの情操教育的な面でもメリットが非常に大きい。

無農薬の農業はできる

森永　この間、農家の方に有機農業をやっていると言ったら、あれは妄想だと言われました。なぜかというと、とてつもない手間がかかるから。

完全オーガニックで農産物を作ろうと思えば、労働者に時給一〇〇〇円の最低賃金を払っていたら赤字なんだと。

その農家の方の言い分ももっともだなあと思いました。私がなぜ有機農業をやれているかと言うと、人件費がゼロだからです。ビジネスでやっていないからできるんです。楽しいからやっているのと、自分が食べるものだから、安心・安全なものがいいと思ってやっている。

いくら効率が良くても、自分で食べる野菜に、農薬をぶっかけますか？

普通の人はなかなかそうできないと思うんです。それに、楽しければ人件費ゼロでもぜんぜんいいわけです。

そんな農業をしていると、本業の農家が困ると言う人もいる。でも、うちだって野菜を買うこともある。一応ビニールハウスもあるんですが、苗を作るためのちっちゃいハウスしかなく、冬場は野菜が採れないので隣の人から分けてもらったり、足りない分は買うしかない。自分ではなかなか作れない果物なんかも買っているんです。ブドウとかは棚を作らなきゃいけないので難しいですから。だから本業の農家が立ち行かなくなることはないと思う。

それに、もし多くの人がマイクロ農業をはじめたとしても、農家には苗を作る役割がある。

鈴木　苗を一般の人に供給するわけですね。

森永　千葉県の印西市にハルディンという農業生産法人があるんですけど、そこが作ったトマトを私も育てています。シュガープラムという品種と、ミラクルリッチという品種です。滅茶苦茶おいしいんです。これを食べると、そこらで売ってるミニトマトなんてもう食えない。種から育ててみたこともあるんですが、苗には勝てないんですよ。

ちなみにこのハルディンの苗はかなり生産量を伸ばしていて、一般のホームセンターでも取り扱うようになっています。

あと、田んぼを一から作るのは滅茶苦茶大変。だから米は買ったほうがいい。うちは田舎が佐賀の嬉野というところなんですが、米は送ってくれるんで、買っていませんが。

その他、畜産関係も個人でやるのは大変ですね。

素人が作れないものはたくさんあるから、マイクロ農業が広がっても、農家の仕事がなくなることはない。

鈴木　苗は重要ですからね。専門の方が供給してくれるのが一番いい。

森永　なんとか種から育ててみたいとずっと思ってはいるんですよ。いまは種苗法で自家採種できなくなりましたが、それはプロ農家の話。素人は規制を受けていないので、自家採種できます。

鈴木　そうですね。あと、規制されているのは登録品種だけですね。

種から育てて、種を取って循環していくのが自給の基本ですから、もしできるならそれが一番いいんですけどね。

森永　二〇二三年、初めて種からスイカを作って成功したんですが、やっぱり自分で作ったスイカより、ハルディンで売っている苗を使ったほうがいいスイカができるんですよ。

鈴木　トマトを種から作る方もそうそういないですよ。

森永　難しいし、すごく効率が悪いんですよ。

「五公五民」の時代がやってきた

森永　政府に一番やってほしいのは、こういう素敵なライフスタイルがあるんですよと、世間に知らしめること。『森永卓郎の「マイクロ農業」のすすめ』にも書いたんですけど、富山県に舟橋村という日本で一番面積の小さい村がありまして、この三〇年で人口が倍増しているんです。

富山市から電車で一五分ぐらいのベッドタウンなんですが、工場が一つある以外は基本的に農地。耕作放棄地が増えてきたので、対策として、新しく引っ越してきた住民には、細かく区切った農地を貸し付けて、プロの農家が指導するようにした。それと同時に、どでかい図書館とホールも建てた。

舟橋村の新しい住人は、晴れの日には畑に出て、雨が降ると図書館に行って本を読むんです。まさに晴耕雨読の生活です。それが人気になり、人口がどんどん増えているんですよ。

条件さえあえば農業をやってみたい、という人はたくさんいるんです。だから、政府にはもっとアピールしてほしいんですよ。

鈴木　でも、政治と結びついて、国民からむしり取って儲けている人もいる。そういう人にとって、マイクロ農業が普及すると困るんじゃないですか。

資本主義は自由競争だといいますが、結局は特定の人だけが利益を得られる仕組みですから。そのために農業の大規模化だとか、もっと集約して企業化しろ、と主張する人がいて、自分の利益のための政策を通している。

森永　おっしゃる通りですよね。東大に神野直彦先生という経済学の教授がおられましたが、もともと日産自動車の現場労働者をしていた人なんです。現場労働者から東大教授になった例はほかにないと思いますが、その彼が『人間回復の経済学』（岩波新書）という本を書いています。その中で、なぜ政府は新自由主義を推し進めて国民を追い詰めるのか、それは政府にとっては国民を豊かにしてはいけないからだ、と言っています。国民は豊かになるといろいろと文句を言うし、政府に反発する。だから、徹底的に追い詰めて、低賃金で食うや食わずのところで働かせる。その状態ならお金の力で自由にコントロールできる、というメカニズムを語っている。

鈴木　なんとも恐ろしい話ですね。

森永　実際にはどうかわかりません。でも、政府の人間って腹の底ではそんなふうに考えているんじゃないでしょうか。徳川家康が江戸幕府を開いた際、「百姓は生かさぬよう殺さぬよう」と指令を出した。それで決まったのが「四公六民」でした。つまり四割を年貢で持っていって、残り六割を農民にやるという租税体系です。ただ、天保年間に財政が大幅に悪化したため、「五公五民」に引き上げられた。

農民の生活は常にギリギリだったので、その結果、日本中で百姓一揆や、逃散《ちょうさん》が起こった。逃散とは、家も畑も捨てて逃げ出すということ。それくらい生活が追い込まれて、限度を超えてしまっていた。

でも、いまの社会でもすでに「五公五民」になっている。国民負担率が約四七パーセントですから。

鈴木 いまは農家も追い詰められていて、生かさず殺さずの限界を越えそうな状況です。

森永 政府は「じゃあ死ぬまで働け」と言っています。

国民年金も六五歳まで払えと言い出している。年金もどんどん下げていて、まるで「悠々自適な老後は許さない」と言っているかのよう。

鈴木 ひどいですね。ショック・ドクトリン、つまり危機に便乗して福祉を引き下げるなど国民にとって不利益となる改革を進めるという概念がありますが、まさにそれですよ。

森永 いま、心ある経済学者は二手に分かれているんです。一方は、「もう一揆を起こすしかない」と言っている。ただ、私は逃散のほうがいいと思っています。都会を捨てて「トカイナカ」に行こうと。自分で食い物を作っていれば、稼ぐ必要もないし、税金も取られない。物々交換には消費税がかからないですから（笑）。

鈴木 それはある意味理想的かもしれませんね。

森永 でも、あまりウケないんですよね。

第二章　絶対に知ってはいけない「農政の闇」

「本当のことを言ってはいけない」

鈴木　心ある、まともな経済学者はどのくらいいるのでしょうか。
森永　それでもいっぱいいますよ。
鈴木　なるほど。ただ、いっぱいと言っても、メディアに出るのはごく一部の人ですよね。
森永　ええ。正しいことを言っていると、みんな干されるんですよ。

私は二〇二三年五月に、『ザイム真理教』（三五館シンシャ）という本を出したのですが、その過程で強くそう思いました。

この本について、ネットメディアとか、タブロイド紙、週刊誌がたくさん取材に来たんですよ。アマゾンでは三週間ほど経済書の売上ランキングのトップを走っていたので。ところが、大手新聞社と地上波テレビ局からは無視されました。対応がきれいに分かれている。

いま、いろんな番組のコメンテーターの間では、「絶対に本当のことを言ってはいけない。干されるぞ」と言われているんですよ。
鈴木　でも、先生はまだ干されていませんよね。

森永　いや、私もけっこう干されましたよ、とくに東京の報道番組や情報番組の仕事はなくなりました。

番組名を言うとひと悶着起きるので言えないんですが、あるプロデューサーがやってきて、「森永さん、申し訳ないですけど、ちょっと番組全体をリニューアルすることになったので、降りてもらえませんか」と言う。

「わかりました。しょうがないですね」と返事をして、翌月にその番組を見たら、リニューアルされたのは私だけだった（笑）。

鈴木　そうだったんですね（笑）。

森永　テレビに出続けようと思ったら、こう言わなきゃいけない。

「いま、日本の財政は逼迫《ひっぱく》していて、孫や子の代に借金を付け回ししないためには、消費税の継続的な引き上げは避けられないんです。国民の皆様、一緒に増税に耐えましょう」と。

こう言っておけば、テレビに出続けられる。

でもこういう方針ってそもそも放送法に違反しているんですよね。多様な意見を紹介するのがメディアの役割なんだから。

鈴木　本来はそうですよね。

森永　いま、地上波テレビは鈴木先生のほうが出ておられるんじゃないかな。
鈴木　それはないですよ（笑）。

財務省という「カルト教団」の怖さ

鈴木　でも、どうしてそんなことになるんでしょうか。消費税や、財政政策についての発言がそんなに制約を受けるなんて。
森永　この『ザイム真理教』にも書いたのですが、財務省がカルト教団だからです。そのことはみんな知っているんですよ。でも言ってはいけない。だから大手出版社はどこもこの本の出版を引き受けてくれなかった。
　行き詰まって、三五館シンシャという、中野長武《おさむ》さんという編集者が一人でやっている出版社に原稿を送ったところ、これは世に問うべき本だ、やりましょうと返事が来たんです。「この本を出したら中野さんも逮捕されるかもしれないですよ」と言ったところ、「森永さんと僕の二人が逮捕されて、それで済むならやりましょう」と（笑）。
鈴木　なるほど。そのくらいの覚悟で出版されたんですね。国税の査察が入ったりしないんですか。

森永　そういう心配もあって、『ザイム真理教』の印税は手を付けずに取ってあるんですよ。訴訟費用の備えも必要ですし。

具体的な中身については言えませんが、スラップ訴訟を受けたことも複数あります。いまのところ一度も負けていないんですが、裁判費用がかかっちゃうのでダメージはある。

あと税務調査については、いまのところ大丈夫です。うちは経費率が一割ぐらいで、その程度であれば税務調査はないと言われてはいるんです。ただ、いずれやられるかもしれません。

それでも捕まるのなら仕方がない。そのときは東京拘置所から中継しようとラジオ局と相談しています（笑）。

日本はもうロシアや中国、北朝鮮のようになっているんですよ。言論の自由が日に日になくなっている。

でも、私のところは農業をやっているので、月に一〇万もあれば食っていける。いまのところ年金は給付制限を受けて、一円ももらっていませんが、年金だけでもぜんぜん食えてしまう。だから、『ザイム真理教』を出版して仮にメディアの仕事をすべて失っても問題はない。だったら、死ぬ前に本当のことを全部書いておこうと思ったんです。

ほかにもヤバい話を書きかけてはいるんですけど。たぶんどの出版社も引き受けてくれないでしょうね。

農業政策はお友達企業に牛耳られている

鈴木　しかし、お話を伺って先生の覚悟をひしひしと感じました。みんなもっと森永先生を支えなきゃいけないですよ。私も一緒に闘います。農業の分野ではそれなりにがんばってきましたので。

森永　本当のことってなかなか通らないですよね。農水省の役人をうちに泊めて再教育しようかと思っているぐらいです。

鈴木　仮に農水省の役人の中にわかっている人が現れても、いまの農業政策は財務省と経産省、日米のお友達企業に牛耳られています。彼らが官邸に上げ、規制改革推進会議において、同志の連中が策定してしまう。そういうズブズブの利害関係の中で農業政策が決められていて、農水省はそれに文句すら言えない。そうした構造がある。

森永 なぜアメリカに全面服従しているのか、その原因についてだれも語っていない。この三〇年のあいだ日本経済が低迷を続けた原因は、一つは財務省がやった緊縮財政、もう一つはアメリカへの全面服従ですよ。

それをやめるためにも、SINIC理論の言う「自律社会」を早く確立しなければならないと思っています。「自律」というと我慢ばかりでなんだか権力側からの抑圧のように思うかもしれませんが、自律とは本来、自由を確保するための手段なんです。

大都市に暮らしている人って、失業とか、離婚してひとり親家庭になるとか、ちょっとしたことで生活が破綻してしまう。なぜそうなるかというと、家賃や住宅ローンが高いからです。あと、電気代などエネルギーに払うお金も滅茶苦茶高い。最後に食費がとてつもなく高い。逆に、この三つの出費を抑えるだけで、自由な生活を取り戻すことができる。

私は太陽光発電にも挑戦しています。まだ自宅には小さい非常用のパネルしか付けていないのですが、別の場所で少し大がかりにやっているので、電気はほぼ自給できています。食料も半分以上は自給できている。

家は建ってから三〇年以上経つので、減価償却もほとんど終わっている。家賃も支払っていない。こういう状況だと、金のために働く必要がないから、自由なんです。たとえ年金が半減したってまったく大丈夫です。

金に縛られない時代がやってくる

森永　金に縛られないためには、金のかからない生活スタイルにするべきです。お金に縛られ、金のためにやりたくない仕事を死ぬまでやらされるより、トカイナカで暮らすほうが断然いい。

三つ星レストランとか、素敵なステージとか、東京のようにキラキラしたものが何もない。たまにイオンに演歌歌手が来るくらいで。おしゃれな服なんてまったくない。でも、そんなものがなくたって、自由に好きなことができていればとても楽しいんです。

自分の好きなことをやるための「舞台」は自分で作ればいい。

私は近所に博物館を作ったんです。ビルを一棟買って、そこに自分のコレクション一二万点を展示しています。国立科学博物館がクラウドファンディングで九億円集めたと話題になりましたが、展示は二万五〇〇〇点くらいなんですよ。だからうちの博物館のほうが五倍も展示品がある。もちろん、あんなに流行ってはいないんですが、それでも世界の人々に見に来ていただいている。家賃が高い東京では絶対できないことです。

鈴木　目に見える価値以上に、暮らしがもたらす満足度が高いわけですね。そういう暮らしのほうが長期的、総合的に見れば実は豊かなんだという。

森永　そう思いますよ。

二〇二三年の八月に、沖縄の宮古島に行って、元ニッポン放送の垣花《かきはな》（正）君というアナウンサーと二人でイベントをやったんです。私が、もうすぐグローバル資本主義が行き詰まり、大転換がはじまりますと言うと、島の人から、「じゃあ、その後はどんな社会になるんですか」と聞かれました。

「みんなが歌って踊れる社会に変わるんですよ」

と言うと、島の人が「でも、僕たちは昔から歌って踊る社会ですよ」と（笑）。島で暮らす人はみんな幸せなんですよ。

鈴木　大転換がはじまると、自律社会に転換するわけですね。そこでの暮らしは幸せだと。

森永　宮古島にはそれがもともとあったということですね。でも、島ではむしろ真逆の動きが進んでいるといいます。

かつて宮古島はサトウキビ畑しかない貧しい島でしたが、世界の巨大資本が海岸沿いの土地を買い占め、一泊何万円、十何万円というリゾートホテルを建てつつあるんだそうです。私は本当に心が痛みました。宮古の自然を収奪して、お金は地元にまったく還元されていないからです。ただ、内陸部のほうはまだまだ昔のままなんですよ。

「エブリシング・バブル」は崩壊する

鈴木　しかし、あと二年ぐらいで本当に大転換が起きるのでしょうか。

森永　きっかけになるのはバブルの崩壊だと思っています。「エブリシング・バブル」と呼ばれていますが、いまはありとあらゆるものがバブルなんですよ。株だけじゃなく、絵画とか宝飾品もそうだし、暗号資産、石油や天然ガスなどの資源、穀物・食用油など食料、木材もバブル。でもバブルはいずれ必ずはじけるんです。

この二〇〇年間で大きなバブル崩壊だけでも七〇回ほどあるんです。バブルというものは一つの例外もなく、崩壊します。

ただ、それがいつ起こるかを予想することはできない。ガルブレイスという経済学者が人生を懸けて研究しましたが、わからなかった。ガルブレイスは、いつはじけるかはわからないが、バブルは必ずはじけると言い残しました。

ＳＩＮＩＣ理論では次の転換点を二〇二五年と予想していますが、私は案外これが当たるような気がします。中国ではすでにバブルがはじけて、デフレになりつつある。いま、欧米諸国は金利をどんどん引き上げています。

リーマンショックの前もバブルでした。その後景気が悪化し、金利が下がっていきましたが、その過程では、まだバブル崩壊には結びつかなかったんです。金利が下がれば景気が良くなるとみんながまだ信じているからです。でも金利が二パーセントまで低下したところでドーンと株価が下がることになった。

アメリカの金利は二〇二四年から下がりはじめると予想されています。二〇二五年という予想ともまあまあ合致する。そのあたりで「エブリシング・バブル」の崩壊があるんじゃないか。

そうなれば、金に金を稼がせて巨万の富を得ていた人たちがみんなやられてしまう。そのタイミングで世界は変わるんじゃないかと思っています。

バブルが崩壊すると、これまでは世界中の中央銀行が金融緩和を行い、お金を大量に供給して再びバブルを引き起こすことで世界経済を救ってきました。でも、いまは「世界インフレ」の時代です。この状況で大規模な金融緩和を行えば、インフレが再燃してしまう。だから今回はバブル崩壊後に金融緩和を行うのは難しいんじゃないかと思っています。

ちなみに、中央銀行が破綻するということはありません。二〇二二年にオーストラリアの中央銀行が債務超過に陥りましたが、何も起きませんでした。二〇二三年にアメリカのFRBも実質的な債務超過に陥りましたが、やはり何もなかった。自国通貨を発行する国の中央銀行はそのくらいでは微動だにしません。危ないのは市中銀行です。

「世界大恐慌の再来」の可能性もある

森永　バブルが崩壊すると、世界からお金が消えてしまう。だから資産をお金として持っている人は危ない。経済評論家の三橋貴明さんは、講演会で「いま、何に投資をしたらいいですか？」と聞かれ、「農地」と答えたそうです。

実際、彼は長野県の飯田市に土地を買って、将来はそこで農業をはじめるそうです。よく農業委員会を通りましたねと言ったら、農地として買ったわけじゃないので大丈夫なんだそうです。彼はたくさんお金を持っているから買えるんです。

投資商品を買うより、農地を持っているほうが安全です。飢え死にしませんからね。政府はＮＩＳＡを拡充して「貯蓄から投資へ」と言っていますが、それに安易に乗っかるとひどい目に遭うと思います。

一九二九年の一〇月二四日、ニューヨーク株式取引所で空前の大暴落が発生しました。いわゆる「暗黒の木曜日」です。ただ、株価の下落はその後も続き、底値に達したのは一九三二年の七月です。三年弱でダウ平均株価は約一〇分の一になった。

「それは昔の話。いまそんなことが起こるわけない」と金融業界の人たちは言いますが、果たしてそうでしょうか。

つい数年前まで、メディアは「これからはＢＲＩＣｓの時代だ」と宣伝していました。ＢＲＩＣｓとはブラジル・ロシア・インド・チャイナ・サウスアフリカの頭文字ですが、その話に乗ってロシアファンドを買った人がたくさんいました。いまどうなったでしょうか。ウクライナ戦争の影響で一〇分の一に値下がりしてしまいました。投資の世界ではこういうことも十分あり得るんです。

一生懸命貯蓄したお金が一〇分の一になったら大変です。でも、農地ならこんなことは起こりません。

鈴木　これまで収奪的に儲けてきた人たちが、次のバブル崩壊で痛手をこうむるということですか。

「バカ高い不動産」は買うべきではない

森永　エコノミストもそうですけど、体制に従っていた人って、構造転換の時期には弱いんです。いままでの流れでしか物事を見ていないから。

でも一歩引いて見ると、世界経済が追い詰められているのは間違いないわけです。なのにどうして気づかないんだろうと思いますが。

たしかにこれまでは投資をやっていれば儲かりました。厚切りジェイソンさんの『ジェイソン流お金の増やし方』という本が二〇二二年の経済書ベストセラーでしたが、私は二回か三回くらい彼と話したことがあるんです。

アメリカ株全体を買うインデックスファンドがあるんですが、余ったお金はすべてそれに投資すべきと言っていました。それでも平均で年六パーセントものリターンがあると。私は、いずれバブルがはじけますよと言ったんですが、彼は、「いいじゃないですか。下がったら、同じお金でもっとたくさん株を買えるチャンスです。バブルがはじける心配ばかりしていると、いつまで経っても株を買えませんよ」と。

ただ、安いときに買って高いときに売るのは投資の大原則です。だからいまのバカ高い相場には手を出せないと思います。とくにそう思うのは不動産。東京二三区の新築マンション価格はいまや平均で約一億三〇〇〇万、首都圏全体でも約九〇〇〇万です。男性の生涯賃金が二億二〇〇〇万、女性が一億六〇〇〇万ですから、一億三〇〇〇万のマンションなんて買えるはずがない。この異常さに気づかないのは、単に感覚が麻痺しているだけだと思います。

農業、食についてもみんな感覚が麻痺しているんですよ。三七パーセントという食料自給率は、先進国の水準と比べると異常な数字と言わざるを得ません。

冷静に考えれば、たとえばキュウリが全部まっすぐで、虫もいなくて、プレーンな味がすることと自体がおかしいんです。それをおかしいと思わないのは感覚が麻痺している証拠なんですよ。

「キラキラした都会人」が真っ先に飢え死にする

鈴木　日本はもともと、飼料穀物の輸入が非常に多いので、それが三七パーセントという低い自給率に反映されている。ただ、化学肥料についてもほぼ一〇〇パーセントが輸入だということは考慮されていない。もし肥料の輸入が止まれば、「まっすぐなキュウリ」の生産は止まってしまうでしょう。

ほか、野菜の種の九割は海外の畑で種取りしたもの、要するに輸入しているんです。また、米の種は現状輸入していませんが、将来的に輸入に切り替えられる可能性はある。もし米の種まで止まってしまうと仮定すると、日本の真の自給率はカロリーベースで九・二パーセントに下がる。三七パーセントどころの騒ぎじゃないんですよ。

有事には食料輸入だけではなく、肥料など生産資材の輸入も止まる。その対策が必要なのは明白なんですよ。マイクロ農業のように、自然の摂理にあった、持続可能な農業の仕組みを模索しなければならない。

森永　有事で農薬や化学肥料の輸入が止まった場合、ふだん使っている農家でも、無農薬でやれないことはないんです。農地さえあればね。ただ、効率はドンと落ちてしまう。そうすると生産量ががくっと落ちるから、やっぱり都会の人に食料は回らない。いま、「勝ち組」と言わんばかりにキラキラした暮らしを謳歌している都会人は、みな飢え死にするんですよ。

一方、都会の人たちが内心ちょっと格下に見ている農民は生き残る。

鈴木　そのことを理解していませんよね、いま。

森永　そうですね。ただ、そのときになれば社会はきっと大転換をはじめるでしょう。やっぱりこれまでの資本主義のあり方、都会の金持ちの暮らしや考え方は間違いだったんだと。

絶対に「FIRE」を目指してはいけない

森永　いま「FIRE（ファイア）」という、早期引退して、投資のリターンで左うちわで暮らすのを目指す若者が増えているんですが、私はずっと呆れているんですよ。お前らいい加減にせえよと。

だってこれからエブリシング・バブルが崩壊するんですよ。投資のリターンで左うちわどころか、資産が一〇分の一になるかもしれないのに、よくＦＩＲＥなんて目指すよなと。それこそ暴落で焼かれて丸焦げになってしまう。そういう意味のＦＩＲＥならまだわかりますが（笑）。

鈴木　いまはバブル経済が崩壊する寸前ということですよね。その後は森永先生が実践されているような、より農業を重視する社会に変わってくるでしょう。持続可能で豊かな生き方をしていかないと、地球環境も資本主義ももう持たない。

森永　田舎に行くと、家と畑と山がセットで一〇〇〇万円以下くらいで買えるんですよ。山なしだと、一〇〇坪ぐらいの家が五〇〇万円しない価格で売りに出ている。だから住宅ローンを組む必要さえないんですよ。真面目に貯金すれば、五〇〇万ぐらいは貯められるでしょう。

先述した三橋さんの言う「農地を買え」という投資法も、それなりに正しいんじゃないかと思います。

うちは農地を持っておらず、借りています。一応買おうとしたんですが、本物の農地は農業委員会の壁があって買えなかったんです。

ただこの前、長崎在住の女性から、「やる気になれば買えるのよ」と教えてもらいましたけど。「農業委員会にダメって言われても、乗り込みなさい」と（笑）。その人はそうやって農地を買ったそうなんです。

「マイクロ農業」に広い畑はいらない。先に触れたように日当たりが良ければ三〇坪もあれば十分。だからわざわざ農地を買う必要もない。しかもうちの近所だと一五〇〇万円もあれば住宅地を買えるんです。

鈴木　三橋さんは、「鈴木さんのお話を聞いて、自分でもやろうと思った」とおっしゃってました。

森永　じゃあ、三橋さんに指南したのは鈴木先生だったんですね（笑）。

「一〇〇年企業」が大量発生している理由

森永　私は昭和三二年生まれで、周囲の大人たちはみんな太平洋戦争を経験していました。戦争中は食い物がまったくなかった。サツマイモを植えたけど、イモが大きくならない。だからイモのつるばかり食べたと聞かされていました。サツマイモのつるなんて、まずくて食えたものじゃないですよ。

そういう話を聞かされていましたから、いずれ食料危機が現実になると聞いても、それほど驚きはない。グローバル資本主義の崩壊も迫っているわけですから、そのくらいの大変動は覚悟しています。

大変動は経済だけではありません。政治システムの崩壊ももうすぐだと思っています。明治維新のような大変革の時代がやってきます。

実はこの三年ぐらいで、「創業一〇〇年企業」が大量に生まれているんです。毎年一〇〇〇～二〇〇〇社くらいのハイペースで。なぜかと言うと、いまから一〇〇年ぐらい前に創業した企業が大量にあったから。

いまから一〇〇年前に何が起きたのか。そのころはちょうど不況の時代でした。第一次世界大戦が終わり、戦争特需、日本にとっての外需が喪失しました。そこにスペイン風邪の大流行が発生し、世界経済がダメージを受けた。その直後、今度はウォール街で大暴落が発生し世界恐慌がはじまった。日本は昭和恐慌に苦しむんですが、その影響で庶民のライフスタイルが大きく変化する。変化を余儀なくされたというか、庶民が初めて積極的にライフスタイルを変えていった時代なんです。

当時の流行語は「和洋折衷」。当時エリートと富裕層は、明治維新以来、欧米の文化をすでに取り入れていた。でも庶民はまだまだ江戸時代の生活を引きずっていたんです。その庶民も洋服を着て、文字は万年筆や鉛筆で書くようになった。自転車に乗り、椅子に座って生活する。ライフスタイルが根本から変わったんです。

そんな時代にあわせて、万年筆のパイロットとか、椅子のコトブキといった企業が、雨後の筍のように創業した。一〇〇年前はそういう時代だったんです。

次のバブル崩壊の後も、同じような大変革が起きると思います。

若い世代ほど大変動に対応している

森永　大変革は三つの軸で起きると思います。すなわち、「大規模から小規模へ」「グローバルからローカルへ」「中央集権から分権へ」の三つ。日本はずっと中央集権でしたが、次の時代は分権化の動きが進むだろうと思います。

コロナ禍によって、「何か違うぞ」と気づく人が爆発的に増えた。とくに若い世代にそういう人が多い。

有楽町に「ふるさと回帰支援センター」という施設がありますが、コロナ禍で相談件数が爆発的に増えたそうです。しかも、これまでは「郊外に出たい」という相談が多かったのに、コロナ禍以降は「もっと田舎らしい田舎に行きたい」という人が増えたと。

田舎に移住するのも、私みたいな年寄りだと、なかなか地域社会に溶け込めなくて大変だったりします。でも若者なら大丈夫です。だから若い人の間で田舎に移住する動きが目立っている。

私は大学でゼミを持っているんですが、若い世代の価値観がものすごく変わったと感じます。ゼミを持ったのはいまから一八年前ですが、そのころは就職状況が良くなかった。だからどの学生も一部上場企業に入ろうとしていた。もちろん入れなかった学生も多かったのですが、その後転職して上場企業に入っている。それが一八年前の価値観なんです。

最近はむしろベンチャー企業に就職する学生が増えましたね。あとは、自ら事業を始める学生が出てきています。

最近一番成功した教え子は、大学在学中にアメリカへ行き、現地で「一人でCM映像を作る」というビジネスを見つけ、日本に持ち帰ってきた。営業もやって、台本を書いて、撮影も編集も一人で行う。最後にBGMを入れて、一本あたり一〇〇万円で売る。

一〇〇万と聞くと高いと思われるかもしれませんが、日本の代理店に頼むと桁が違うわけです。一〇〇〇万円ぐらい必要になる。それに比べると圧倒的に破格なので、いま爆発的に売れているそうです。

彼が卒業するときに「ビジネスの調子はどう?」と聞いたら、「先生、ついに六〇〇〇万円の仕事取れました」と言っていました。まだ学生なのにですよ。「編集機とかどうやって買ったの?」って聞いたら、「先生、いまはパソコンでできますよ」。「カメラは?」「ハイビジョンのカメラ、いまなら一万円ぐらいですよ」。「カメラマンはどうしてるの?」「ドローンを飛ばしてるんで。三六〇度カメラだから、後で適当に画角を切れるんです」と(笑)。もう時代が違うんだなと思いました。私がテレビの仕事をはじめたころって編集機が一台二〇〇〇万円もしましたから。

「一パーセントの富裕層を目指す」東大生が答えた理由

鈴木 東大の学生に、世界の一パーセントの富裕層が、残りの九九パーセントから搾取する経済についてどう思うか聞いたんです。すると一部の学生は「その一パーセントになればいい」と答えましたよ(笑)。

それも一つの考え方かもしれません。でも、その一パーセントの富裕層も、世界経済の大転換が起これば危うくなる。

森永　いやいや。私も東大の理科二類なので、なんとなく雰囲気はわかります。志の高い学生もいるにはいる。でも普通の学生は「理二は受験が楽だからとりあえず入った」という感じです。

鈴木　私は文科三類。就職するとなると大手の商社とか、マスコミ、官僚が多い。いきなり起業する学生はいませんでしたね。

森永　私の周りは八割がた銀行に就職しました。みんなあまり深く考えていなかった印象です。私もそうでした。

鈴木　私は卒業して農水省に入りましたが、古巣の農水省も今後の大転換でガラッと変わるかもしれない。これまでのように仲間うちだけで政策を決めるわけにはいかなくなるでしょう。

森永　元農水大臣の山田正彦さんの勉強会に参加して、一緒にお酒を飲んだんですよ。彼は元民主党の人ですが、いまはれいわ新選組の応援をしているそうです。状況が変わると人も結構変わるものですよね。

ANNO 20

講談社+α新書

プラスアルファ

ちなみに、れいわ新選組は財務省の支配下になっていない例外的な党です。財務省は主要な政治家のところに「ご進講」に行く。そうやって緊縮財政と増税が唯一正しい政策だと洗脳するんです。山本太郎さんに、れいわ新選組には来ないのかと聞いたんですが、一度も来たことがないと言っていました。

その話を財務省ＯＢの高橋洋一さんに聞いてみたんですが、「財務省はれいわ新選組を相手にしてないからだよ」と言っていました。

もともと増税反対の岸田首相が寝返った理由

鈴木　「責任ある積極財政を推進する議員連盟」も少しずつ力をつけてきていますよね。私も同議連の勉強会で、『世界で最初に飢えるのは日本』の話をしてきました。安全保障のためには、武器よりも食料にお金を使うべき、という点に非常に興味を持っていただいて。これからは農業分野で積極財政だと、けっこう盛り上がってくれました。

同議連は非主流派ですが、与党の中でも積極財政の議論がはじまっていることに期待を抱きました。

森永　岸田さんって、昔は増税派ではまったくなかったんですよ。でも、総理大臣になると話が別なんですよ。朝から晩まで財務省のご説明攻撃にやられるので。

鈴木　岸田さんもまさに「ザイム真理教」にやられてしまったんですね。

森永　ええ、やられちゃったんですよ。みんなそうなってしまうんです。菅直人さんも、野田佳彦さんも。

鈴木　本当に恐ろしい集団ですね。

森永　いや、ほんとに恐ろしいですよ。あと、これは私の憶測に過ぎませんが、岸田首相には東大に入れなかったコンプレックスがあるのではないでしょうか。

いざ首相になってみると、東大法学部卒の財務官僚が毎日やってきて、朝から晩まで「ご進講」の連続。エリートたちに「これまでの懸案事項を解決できるのは、岸田首相、あなただけです」とか何とか持ち上げられているうちに、だんだんそんな気になってしまい、「やっぱりそうかなあ」と、財務省が提案する政策を片っ端から実行している。それが岸田政権の実像じゃないかと思いますよ。

鈴木　コンプレックスを利用されているわけですね。

森永　二〇二二年五月、岸田首相がロンドンのシティという金融街で講演してこう言ったんですよ。「近年の日本の総理大臣の中で、私ほど経済と金融に精通する男はいません。だから『インベスト・イン・キシダ（岸田に投資を）』」と。

まったくウケなかったんです。たしかに岸田首相は英語もできるし、経済についても勉強しているのかもしれません。でも中途半端にわかっている人って一番始末が悪いんですよ。

鈴木　たしかに、それはありますね。妙に勘違いしたりするから。

米は日本に一番合う作物

森永　日本をなんとかするための第一歩として、「とりあえず、米食おうぜ！」と私は言いたい。炊飯器がなくても、コンビニでおにぎりを買うだけでもいい。サラダ油を米油にするだけでもいい。中華料理屋でチャーハンを食ったっていい。これだけで、日本の米農家を守ることができる。

農業をやってみて強く思ったんですが、米って日本に一番合う作物なんです。「連作障害」って、農業をやらない人にはピンと来ないかもしれませんが、かなり重要なんです。私、自分で野菜を作るようになって、連作障害がこんなに厳しいものなのかと思い知りました。唯一の例外が米なんです。米だけは連作障害が起きないんですよ。

鈴木　ええ、その通りです。

森永　しかも水田は毎日メンテナンスする必要がない。米って非常に作りやすい作物なんですよ。サラリーマンが副業で作ることだって可能。野菜は毎日畑に行かないとダメなんで、副業には向いていない。こんなに素晴らしい作物があるのに、米を食わないなんて考えられない。

鈴木　本当ですよね。エサや苗が輸入できなくても、米はたくさん生産できる。

ヨーロッパはむしろ小麦に向いた土地で、たくさん取れて余った小麦は家畜のエサに転用している。それぞれの土地に一番合う作物を作り、余剰作物については転用して活用するのが合理的だと思います。

米が余ると言って水田を潰してしまうのは愚策です。余った米は米粉にしてパンを作るとか、飼料に転用して、水田を維持することを優先すべき。水田は治水にも役立つほか、さまざまな良い影響をもたらしますから。

米食中心に戻せば食料自給率が劇的に改善

森永　そう。米さえあればなんとかなる。あとはナスとか、キュウリとか、ダイコンの漬物でもあれば人間はけっこう大丈夫。健康に生きていけます。

ローソンストア一〇〇が、おかずが漬物だけの弁当を二〇〇円で売りだしました。最初はふざけんじゃねえぞと思ったんですよ。それまではミートボールとか、ナゲットとか、いろんなおかずが乗っていたんだから。でも食べてみたらけっこうイケる（笑）。漬物と米だけで人間はけっこう満足できるということ。

鈴木　日本人の食生活を米食中心に戻せば、それだけで食料自給率が六三パーセントまで上昇するというレポートを農水省が二〇〇六年に出しています。ただ、そのレポートがもうネット上に存在しないんですよ。あまりに不都合な情報なので抹殺されたのかもしれない。日本人には輸入に頼ってもらわないと、巨大企業が儲けられない。そのために日本の農業を縮小したいわけですから。

森永　日本人の食生活とライフスタイルを変えるには、学校給食からはじめるのがいいと思います。給食を無償化して、しかもオーガニック食材の使用を義務づければいい。財務省が「予算が足りない」と言うでしょうが、農家や地域経済のことを考えると絶対やったほうがいい。傷がついて出荷できない野菜なんかを集めて、給食に使えばコストも抑えられる。それくらいの「訳あり」なら、プロが調理すれば、かなりそれっぽい料理になるはず。あるいは廃棄予定の野菜を農家に寄付してもらってもいい。子どもの健康を守るためだから、農家は協力してくれると思う。

鈴木　森永先生がおっしゃっていた山田正彦さんも、給食改革を進めようとおっしゃっています。市民運動レベルでも給食問題が取り上げられていますし、給食を公共調達にする自治体もぽつぽつ出はじめています。

森永　子どものころからきちんとした食べ物を与えられていると、みんな味覚が変わるんですよ。そうなると化学肥料を大量投入した農産物はあまり売れなくなる。子どもの「食育」は最終的に農業自体を変えていくんです。

第三章　アメリカの「日本搾取」に加担する財務省

「米を食うとバカになる」と洗脳された

鈴木　まず子どもの教育が大事ですよ。われわれの世代は戦後にやられてしまったわけですから。

森永　当時はアメリカで小麦が余っていたので、日本に無理矢理輸出しようとした。だからわれわれはパンを食わされたんです。

鈴木　そう。日本人にアメリカ産の小麦を食わせるために、マスコミを動員したキャンペーンが行われました。慶應医学部の教授が書いた「米を食うとバカになる」と主張した本まで出版され、国民を洗脳したんです。

森永　われわれは鼻をつまんで脱脂粉乳を飲んだ世代ですから。

鈴木　そうなんですよ。いまの人はわからないかもしれませんが、当時の給食についてきた牛乳代わりの脱脂粉乳というやつは臭くて飲めたものではなかった。あれは腐っていたそうですよね。日本に輸送する間に腐ってしまうんですが、そんなものを当時の人は溶いて子どもに飲ませていたんですよ。

そんな食事でも、子どものころから刷り込まれた効果は絶大です。いまの日本人は米食を離れつつあります。だから、まず学校給食を取り戻さなければならない。

「やろうにも予算がない」という批判もあります。しかし、やってみると意外に回るものです。千葉県いすみ市では、一俵あたり二万四〇〇〇円で農家から米を買い取り、給食に回しています。もちろん有機米です。京都府亀岡市では一俵あたり四万八〇〇〇円で買い取ると宣言したそうです。

兵庫県明石市では泉房穂前市長が子ども予算を倍増し、給食無償化などの政策を実現しました。赤字財政なのに、子ども予算を増やすことに批判もあったそうですが、子育てに良い環境を作ったことで出生率が上がり、人口も増えて商店街が活性化し、税収はむしろ増えてきたそうです。財政面でも、増税するよりもよほど良い影響がある。

いわゆる少子化対策について批判的な意見もあると思います。そもそも少子化とは結婚する人が減ったことが原因。なぜ結婚が減ったかと言えば、賃金が低くて結婚できないという問題がある。先にそうした状況を変えるべきと言われれば、それも一理あると思います。

ただ、給食をきっかけに好循環が生まれれば、その効果は少子化にも財政にも波及する。だから財政が少々厳しくてもやるべきだと思います。

少子化対策は高所得世帯を助けているだけ

森永　本来、少子化対策ってこういうお金の使い方をすべきなんですよ。高所得世帯にも児童手当を配るとか、ベビーシッターを雇う補助金を拡充するとか、そういうところにばかり予算がついているのが現実。

鈴木　高所得世帯を助けているだけですよね。その層を援助したって、少子化対策にはならないでしょう。もともとお金があって、結婚も出産も問題ない人たちなんだから。

森永　なぜこういうことが起きるかと言うと、官僚の給料が基準になっているからです。中央省庁の場合、課長補佐クラスで年収は一〇〇〇万円近い。課長になると一二〇〇万円くらい。だから、このくらいの年収の世帯が潤う政策ばかりやろうとする。

鈴木　役所ってそんなことばかり考えてますよね。財務省もひどいじゃないですか。私は農水省にいたので知っていますが、財務省は自分たちにうまくお金が入ることばかり考えている。

私が聞いた話では、予算案について何か聞きたいことがあると、他の役所の人間を呼びつける。それも真夜中に。だから農水省の担当者は朝から仕事をして、夜は徹夜で待機しなければならない。一方、財務省主計局の皆さんは昼間の出勤時間は遅くて、夜に農水省などを呼びつけるんだそうです。

しかも理不尽なことに、残業代が出るかどうかは財務省の一存で決まるんです。農水省の残業代って実績の一〇分の一しか出なかった。一方で財務省の残業代は一〇〇パーセント出ていた。

財務省の人たちだって、もともとは志もあったのでしょうが、入省して五年も経てば、こういう仕事ぶりが板についてしまうのでしょうか。一方で他の省庁は、そんな財務省からどうにかして予算を集めるかにばかり頭を使っている。

農業予算って非常に評判が悪いんですよ。予算がついても、いろんな条件が付いていたり、必要な書類がたくさんあったりして、実際には予算を執行できず、積み残した予算が国庫に戻される。

でもそれは農水省の責任というより、財務省の問題なんです。財務省がいろんな条件を付けて、遣いきれずに国庫に戻るようわざと仕向けていると聞いています。

「女とカネ」の接待漬けで財務省はおかしくなった

森永　農水省は独立した予算を持っているからまだましですよ。私は日本専売公社と、経済企画庁にいたんですよ。財務省からは「植民地」と呼ばれていました。
　私は専売公社に入社後、主計課というところに配属されて、財務省（大蔵省）の主計局大蔵二係という部署に詰めていました。文字通り、部屋の前の廊下にずっと座って待っているんです。中から「おい、森永！」と呼びつけられて、二秒以内に駆けつけないと担当者の逆鱗に触れるからです。

鈴木　奴隷のような扱いですね。

森永　本当に奴隷なんですよ。

鈴木　凄まじい話ですね、それ。

森永　私はそうやって財務省の仕事ぶりを間近に見てきたんです。元官僚の政治家や言論人はたくさんいますが、財務省の奴隷だった人間は私くらいです。

鈴木　『ザイム真理教』という本はその体験をもとに書かれたわけですね。非常に説得力がありますよ。

森永　ひどすぎて本に書けなかった話もたくさんあります。接待がらみ、女性がらみでは本当にひどい光景を目の当たりにしました。

鈴木　生々しいですね。

森永　高橋洋一さんの話では、当時の大蔵省では「毒まんじゅう」と呼んでいたそうです。「毒まんじゅう」は、皮が「女」、餡は「金」だと。「高橋さんは毒まんじゅうを食わなかったんですか」と聞いたら、「俺は学生結婚しちゃったからね。森永君が大蔵省に勤めていたら食っていただろうね」って言うから、「うん、そうかもしれませんね」と（笑）。

鈴木　いやあ、すごい話ですね。農水省ではそこまでの接待はなかったですね。まあ私も行政職は若いころしかやっていないので、正確なところはわかりませんが。

森永　こういうシステムができ上がっているんですよ。富裕層、アメリカの大手企業、財務省中心の官僚機構、それに乗っかる政治家と。ただ、だからこそ、壊れるときは一気に大転換が起こる。

鈴木　そうですね。

森永　もうすぐ大転換が来るぞと言ってもなかなか信じてもらえない。江戸時代末期に、これから幕藩体制が崩れるぞと言っても信じてもらえなかったでしょう。いまはそれと同じような状況なんだと私は思います。

大転換がいつ起きるか正確にはわからない。でも、そう遠くない時期に起きると思う。

東京は異常気象でもう住めない

鈴木 異常気象があまりにも続いていて、もはや「通常の気象」化しています。二〇二三年の猛暑を見てもそれは明らか。大洪水と大干ばつが続いていて、食料生産に影響がないはずがない。

森永 ハワイなどで山火事が頻発していますよね。世界中で起こっている。

二〇二三年は東京の暑さもひどかった。ずっと真夏日で、九月七日の時点で連続六四日続いたそうです。もうぶっちぎりの記録で歴史を塗り替えた。東京はもはや人の住むところではなくなってきていますよ。

二〇二三年の猛暑がいかにきつかったか、畑に出ているとすごく実感します。私はわりと根性があるほうだと思っていたんですが、今朝畑仕事に出て、立ち鎌といって、立ったまま鎌を使って雑草を刈り取る作業をしていたんです。すると、朝九時でもうギブアップしてしまった。暑すぎて危険だと思ったんです。

七月の下旬には一度倒れてしまいました。なんとか家に帰ったのですが、腰も痛くて立ち上がれなくなってしまった。生命の危険を感じましたよ。

部屋の中にいるとわからないかもしれませんが、地面がものすごく熱いんですよ。いま、地球環境にとてつもない変化が起きているのは間違いない。

東京だと暑いからエアコンをガンガンかける。もちろん熱中症で死なないためにそうするしかないわけですが、エアコンが吐き出す熱で東京はますます暑くなってしまうという悪循環。にもかかわらず、東京のマンション価格はとんでもない暴騰を続けている。

二〇二三年に売り出された港区の「三田ガーデンヒルズ」には一物件四五億円という部屋もあるそうです。

いまの若い人たちはバブル崩壊を経験していない。だから不動産バブルと言われてもいまいちピンと来ないのかもしれません。

私の同級生に芸能関係の仕事をしている女性がいました。同期では一番金持ちだったんですが、バブルのとき、借金して青山にビルを買いました。でもバブルが崩壊してしまい、銀行からは担保割れだから借金を返せと言われ、困ってしまった。全財産をはたいても借金が残ってしまい、結局青山のビルは売って、その後十数年のあいだ、ただただ借金を返す人生になってしまった。けっこう稼いでいたのに、悲惨でしたよ。

バブルが崩壊して経済の大転換が起これば、また同じことが起きます。それももっと大規模に。

貧困と格差をなくすための「ガンディーの原理」

森永　食料も輸入に頼っていると値段が上がっていくでしょうね。でも国産はそんなに上がっていないんですよ。だから、ご飯と漬物を食ってる分にはそれほど痛い目に遭わない。

鈴木　ただ、国産農産物の価格が上がらないのもある意味問題です。米を作るコストは二倍になっているのに、それを価格に転嫁できていないんです。つまり農家が損を被っているということ。農産物の流通では大手小売り企業が強く、圧倒的な価格決定力を持っているので、買い叩かれてしまうんです。

森永　おっしゃる通りですね。うちは先ほども言いましたが、実家が佐賀県の嬉野というところなんですが、お茶と米は実家からタダで送ってもらえるんです。

だから絶対に飢え死にしない（笑）。

鈴木 森永先生のように自分でもある程度の量を作りつつ、実家とか、ご近所の方とか、いろんなところにルートを持っていれば、食料の心配はありませんね。「自由な暮らし」も確保できる。

そんなルート、ネットワークを持っていれば、わざわざ東京のような暮らしにくい土地に住まなくてもよくなる。東京に住むのはもう限界ですよ。暑さだけでもそう思いますし、その上コロナが明けて満員電車も復活したので、非人間的な生活に戻りつつある。

森永 マハトマ・ガンディーが唱えた「近隣の原理」という概念があります。格差や貧困をなくすために、ガンディーは近くの人が作った食べ物を食べようと訴えたのです。近くの人が作った服を着て、近くの大工さんが建てた家に住みましょう。そうして小規模の経済の循環を無数に成立させていけば、貧困と格差はなくなるはずだと。

これはグローバル資本主義とは真逆の考え方です。食料でも何でも世界で一番安いものを大量に買ってくればいいという発想ですから。

でも実は安いものを作っている人たちは、低賃金で、死ぬほど働かされているんですよ。

鈴木　日本には「三里四方の食によれば病知らず」という言葉もあります。その地方でとれるものを食べていれば病気にならない。江戸時代からそう言われているんです。

森永　健康にもいいし、フードマイレージが下がるから、環境にもいい。

鈴木　そうですよね。「遠方の安いもの」を買ってくるのは、本当は安くないんです。輸送コストがかかるし、輸送時には大量の二酸化炭素を排出している。輸出用の作物については農薬の安全基準を緩くしている国もある。そもそもこの本で繰り返し指摘してきたように、遠方の食料ばかり輸入していると、日本の農業が破壊され、有事には食料危機に突入する。

環境への影響や、食の安全、食料安全保障の問題までトータルで考えるなら、遠方の安い食料を輸入するのは決して安くはない。しかも地球環境を悪化させたツケはいずれ回ってくる。まったく不効率で割に合わないやり方ですよ。

目先の効率を追い求めた結果、自分たちの社会を壊してしまったということを反省しなければならない。

ただこれから転換期がやってきて、いずれはガンディーの経済学のような仕組みが普及するかもしれない。その見通しについて、もっと訴えていきたいですね。

森永　そうですね。

太陽光発電より原発を推進したいワケ

森永　日本政府はいま、何が何でも原発を推進しようとしている。だから原発処理水の放出も強行した。

逆に、各家庭に太陽光パネルを設置して、電力を自家消費するような分散型のシステムにはしたくないんです。なぜかというと、大手電力会社が儲からないので利権が小さくなってしまうから。

だから政府・経産省は太陽光発電に対してありとあらゆる妨害を繰り広げている。辛坊治郎さんは二〇年ぐらい前から太陽光発電をやっているんです。やってみてどうなのか聞いてみたんですが、太陽光パネルは予想以上に長持ちするそうです。パワーコンディショナーは一〇年に一度取り替える必要があるそうですが、パネル自体は永久にもつんじゃないかと。だから、巷で言われているよりずっと高効率に発電できるんです。

でもそんな素晴らしい太陽光発電をみんながはじめてしまうと、原発で作った電力がいらなくなる。そうすると濡れ手で粟の大儲けができないので、電力会社は困ってしまう。

これ、実は農業とまったく同じ構造なんです。みんなが自分で農業をはじめると、大量の食料や肥料を輸入する必要がなくなる。そうなるとグローバル企業が儲けられなくなり、利権が脅かされるんです。

原発関連の広報誌とか、CM、講演会に出ると、相場の二、三倍のギャラをくれるんです。それくらい原発って儲かるんです。

私も二〇年ぐらい前によく知らずに仕事したことがありますが、まあすごかったです。

シンクタンクにいたときに佐賀県東松浦郡の地域振興計画を作っていたんです。玄海原発がある玄海町があるところです。あるとき、仕事が終わらなくてホテルに泊まろうとしたんですが、今日部屋空いていますかとホテルに聞いたら、空いてるんですが、原発関係者以外は泊めないんですと言われました。

頭に来たので、「いまは原発の建設工事でお客さんが多いかもしれないけど、工事が終われば客はいなくなる。お宅みたいな商売をしているといずれ潰れますよ」と言ってやった。すると、「あんた、原発のことぜんぜんわかってないですね。原発は完成してもずっとメンテナンスが必要なので、うちの商売は安泰」っていうんです。結局泊めてくれなかった。

文句を言おうと玄海町役場に行ったところ、設備が豪華で驚きました。ふかふかの絨毯が敷かれていて、社長の椅子かと思うような贅沢な椅子に、普通の公務員が座っている。利権って人間を変えてしまうんだなとそのときに痛感しました。

こうした利権構造が存在するから、東電はどうしても柏崎原発を動かしたいんです。

福島の漁協は処理水放出に反対していた

森永 福島の漁協は福島第一原発の処理水放出に反対していたそうです。だから岸田さんは福島第一原発を視察して東京に帰ってきた。地元の漁協に行って反対デモをやられたらまずいから。代わりに翌日官邸で全漁連の人と会い、すべての漁業関係者の了解を取ったように装った。それで強行突破したんです。

鈴木 まさに利権構造ありきの強引なやり方だと思いました。やっぱり漁業には相当な被害が出ますので。

中国が日本の水産物の輸入禁止を決めましたが、漁業にはかなりの痛手だったと思います。かなりの量を中国に輸出していますので、国内の価格も下がると思います。

森永 私、「岸田総理は毎日、朝起きてコップ一杯の処理水を飲め」とラジオで言って怒られました。

鈴木　でも安全なら、自分で飲めという話ですよね。

森永　一回だとパフォーマンスだから、毎日飲み続けなきゃいけない。

資本家は収奪しているだけ

森永　マルクスは、資本とは増殖しつづける価値だと言ったそうです。マグロが泳ぎをやめると死んでしまうのと同じように、資本主義は常に利益が増え続けないとダメなんです。

資本主義においてはとにかく利益を増やすことが最優先で、人の命とか、健康、幸福とかは二の次。そこで生きる人々は、まるで依存症のようなものなんです。

ピケティというフランスの経済学者が『21世紀の資本』という本を書いてベストセラーになりましたが、彼はここ二〇〇年ほどの世界の資本収益率と経済成長率を調べたんです。資本収益率とは資本から得られる利益、要するに投資のリターンとか、資本家が得るお金のこと。グラフによると、経済成長率は好・不況の波に応じて上がったり、下がったりする。でも、資本収益率はずっと五パーセントで横ばいを続けている。

つまり、景気が良かろうが悪かろうが、資本家は常に毎年五パーセントずつお金を増やしてきた。でも、不況で経済が成長していないときは、本来五パーセントもの利益を得るのは難しい。

なぜ資本家が五パーセントというリターンを得てきたかというと、収奪しているだけなんです。でもバブルが崩壊すると、そうした資本家のやり口も行き詰まる。

近い将来訪れる次のバブル崩壊は、もしかすると史上最大のバブル崩壊になるかもしれません。そのときは資本家だけでなく、庶民も確実に巻き込まれます。一九二九年の世界恐慌ではそうなりました。

大転換の際は、若い世代が改革の主役になるでしょう。中高年は守旧派ですから。若い世代に人気のひろゆきさんという人がいますが、そういう守旧派の中高年を論破する人だから人気があるわけですよ。

中国はツケを世界に回そうとしている

森永　中国の恒大グループがニューヨークで連邦破産法一五条を申請しましたが、これをきっかけに中国で金融危機が発生し、世界に波及するかもしれないと予想する人がいました。私もその可能性はあると思います。

日本は一九九〇年代にバブル崩壊を経験しました。山一證券と北海道拓殖銀行が破綻したのが九七年。その後、二〇〇一年からの小泉構造改革で、不良債権処理の名のもとに、残りの金融機関も一気にやられてしまった。つまり、バブル崩壊の最初のきっかけから、金融システムの破綻まで一〇年近くかかる。中国でも同じように進むかもしれない。

バブル崩壊後、小泉構造改革によって、日本の貴重な資産が二束三文で外資に売り飛ばされた。中国はこの流れを徹底的に研究してきたはずなんです。

中国は恒大グループを財政出動で守ろうとしている。誤解されやすいですが、恒大はまだ破綻していません。でもアメリカで連邦破産法一五条を申請したということで、外資が借金のかたに恒大グループの資産を勝手に売り飛ばすことはできなくなった。

要するに、中国はツケを外資に回そうとしているんですよ。日本と違うやり方をしていますが、うまくいくかどうかはわからない。ただ、世界経済にも危機が波及するのは間違いないでしょう。

そうした中、気がかりなのは日本がますます対米従属の度を強めていること。岸田政権の防衛費倍増方針だって、バイデン大統領自身が「俺が岸田を説得した」と言っています。私はシンクタンク勤務時代に、当時の日米構造協議のお手伝いをしていました。下っ端だったんで、交渉の中身には携わっていないんですが。

そのとき、アメリカのカウンターパートが私にこう言ってきました。「なぜ日本はなんでもアメリカの言いなりになるんだ？　何も主張しなければどんどんやられちゃうぞ」と。むしろアメリカ人のほうがそう言っていたんです。

都合のいい日本人

森永　私は小学校一年生のときはアメリカの公立小学校に通っていました。四年生時にはオーストリアのウィーン、五年生のときはスイスのジュネーヴで過ごしました。

欧米の学校って、黙って聞いているだけの人間には存在価値を認めてくれないんです。先生が言ったことに反論しないとダメ。だから授業が常にディベートみたいになるんですよ。

一方、日本人は言われたことに口答えすると叱られる。なんでもはいはい聞く子どもがいい子とされやすい。

そういう文化の違いも込みで考えると、日米構造協議でも、異常なほどの対米従属をしているると思われるんです。アメリカにとって「都合のいい国」になってしまっている。

いま日本人の間には、岸田政権、自民党への不満が溜まっていると思います。ただ、野党がだらしないというか、立憲民主党がひどすぎるせいで政権交代に至らない。

日本維新の会が伸びているので、いずれ選挙で第一党になる可能性もある。ただ、維新は維新で、庶民の生活なんて考えていないように見える。むしろ、弱肉強食思想の集団じゃないかと。

鈴木　ある意味、徹底した新自由主義の集団ですよね。

森永　もしいま取り沙汰されているように、自民党の連立パートナーが公明党じゃなく、維新になると、政府の方針がより弱肉強食的になると思う。言論規制も厳しくなるんじゃないかと心配しています。

私は二〇〇〇年から二〇〇四年までテレビ朝日の『ニュースステーション』のコメンテーターを務めていました。そのときの総合プロデューサーは、「自民党政権を倒すぞー！　そのための番組を作るぞ！」と毎日言っていた。

そんな番組だったのに、安倍政権以降はガラッと方針が変わってしまった。私自身は反財務省の立場が安倍さんと共通するせいか、大した締め付けもなかったんです。ただ岸田さんになって以降は締め付けがひどい。

もっともラジオは比較的自由なので助かっています。首相官邸にはラジオがないのかもしれない。

一見安い食料ほど実は危ない

鈴木　大転換を迎えるいま、われわれ一人ひとりは何をすればいいのか。まさに森永先生の「マイクロ農業」のような取り組みを通じて、グローバル資本主義による社会の破壊と闘っていく必要がある。

いま、一見すると安い食料がたくさん輸入されています。ただ、本当はそうしたものこそ危ないのです。輸出用の穀物には除草剤や収穫後の防かび剤が散布されている可能性もある。

一人ひとりが、一見安い食料は実は危ない、ということを理解して行動すれば、安全な国産の農産物が売れて自給率も高くなる。日本政府がアメリカに逆らえず、危険な食料が輸入されても、それを見分けて食べなければいいわけですから。

自分の作った農産物や、信頼できる人が作った作物だけを食べる、という環境を作る必要がある。

そうすることで、われわれから収奪するグローバル資本主義を排除したコミュニティができる。

「農家は補助金で潤っていて、左うちわで暮らしている。農家こそ既得権益の塊」といった批判もいまだにある。

しかし、これこそグローバル資本主義にとって都合のいい見方なんです。補助金のことを言うなら、一番補助金を出しているのはアメリカです。輸出用の作物だけで一兆円規模の補助金をつけている。自国の穀物を日本や途上国に安く輸出するために補助金を活用しているんです。

一方でアメリカは他国に対して徹底的な関税撤廃を要求してきましたが、それもすべて自国のグローバル企業を儲けさせるために他なりません。他国には関税撤廃、補助金廃止を要求しておきながら、自国の農業には補助金をつける。このダブルスタンダードこそ、グローバル資本主義の正体です。自由貿易とは、グローバル企業にとって都合のいいルールの押し付けに他なりません。

アメリカは有事に援助してくれない

森永　そうやって売っておいて、いざ有事になったら日本に輸出してくれないんですよ。本当に台湾有事となったら、アメリカはまず間違いなくそうします。自分たちが食べることを最優先するんです。「日本の食料危機は君らの責任だ」と言うに決まっています。

鈴木　日米安保だって、有事にどうなるかはわかりません。アメリカが日本を必ず守るという条約ではないのですから。

むしろ、日本を防衛線として、アメリカ本土を守るような戦略をアメリカは持っている。以前、アメリカのCNNニュースでは北朝鮮の核ミサイルがアメリカ西海岸のシアトルやサンフランシスコに届く水準になってきたことを報道し、だから韓国や日本に犠牲が出ても、いまの段階で北朝鮮を叩くべきという議論が出ていた。つまり、アメリカは日本を守るために米軍基地を日本に増強しているのではなく、アメリカ本土を守るために置いているとさえ言えるかもしれない。

日本は防衛をアメリカに依存している、だから貿易交渉でも譲歩しなければならない、そんな考えがまかり通っていますが、それは大きな間違いということ。台湾有事に際してもアメリカが本当に参戦するとは限らないのです。

森永　アメリカが日本を守ってくれるかどうか、私も大いに疑問に思っています。

私は小学生時代の半分を欧米で過ごしましたが、欧米社会における根強い人種差別を実感しました。

そのときの経験では、まず「白人」、次に「黒人」、最後に「黄色人種」という序列です。アメリカの大学では、「アファーマティブアクション」すなわち人種や性別間の格差を是正する動きで、人種別の入学枠を作っています。それによって、黒人だけの枠が用意されていたりするんですが、アジア人にはないんです。あくまで私の体験した話なので、いま現在は事情が変わっているかもしれませんが。

そういう社会なので、小学校で鬼ごっこをすると、私だけ捕まっても鬼にならないんです。どういうことかわかりますか。要するに、黄色人種は人間扱いされないので、鬼にはならないということなんです。かなり深刻な人種差別が根付いているんですよ。

いまでは変わっているだろうと思っていたのですが、トランプ氏が大統領になったときの発言を聞いて、あまり変わっていないなと強く思いました。

欧米社会にはこういうアジア蔑視の姿勢が根深くある。だから彼らは台湾有事で日本が飢えても、食料を分けてくれないと思います。

漁業の衰退が尖閣問題を招いた

森永　私は「一億総農民・一億総戦闘員・一億総アーティスト」になるべきだと思います。戦争には反対ですが、だれかが攻めてきた場合、自分の国、地域を守らなければならない。そのときは一部の人に戦闘を任せるより、全員が戦うほうが強い。だから全員がそのための訓練を受けるほうが本当はいい。

マシンガンやロケットランチャー、攻撃用ドローンのトレーニングを受けろと言われれば、私はやる。最悪竹槍でも戦うとテレビで言ったところ、抗議が殺到した。まずおまえが死ねと言われましたよ（笑）。

鈴木　みんなが農業・漁業をやっていれば、それぞれの地域社会が維持できる。日本の隅々まで人が住んでくれるということが一番の国土防衛。

尖閣諸島の領土問題が浮上したのも、その点が関係しています。もともとあそこは漁業が盛んで、かつお節工場で多くの住人が働いていた。しかし漁業が衰退して人がいなくなり、領土問題に持ち込まれてしまったんです。

だから、適切な農業・漁業政策は国土を守る上でも非常に重要です。逆にいまのような「農業いじめ」政策を続けていると、極端な話、北海道の農業や酪農も衰退し、人口が減ってしまうでしょう。そうなるとロシアが北海道の領有権を主張してくるかもしれない。

日本の漁業が衰退し、沿岸部にたくさんあった半農半漁の漁村がどんどん減っている。そうした土地を外国資本が買い漁っていたりもする。それが日本の安全保障に重大な問題をもたらしている。農業をはじめとする一次産業政策は国家の基本なんです。

森永　ロシア政府には「北海道はロシアの領土だ」と主張する人間もいるみたいです。沖縄は中国の領土だと言うのもいる。ふざけんじゃねえぞと思いますよね。

鈴木　いまは与太話でも、政府のかじ取り次第では現実になりかねない。少なくとも、そうした流れを自ら作ってしまってはダメです。

遺伝子組み換え作物を一番食べているのは日本人

鈴木　守らなければならないのは領土だけではありません。一次産業の衰退はわれわれの健康問題につながります。アメリカ人は小麦については遺伝子組み換え作物を作っていない。なぜならアメリカ人が日常的に食べるものだから。大豆やトウモロコシは人間向けではなく、家畜のエサとして作っている。人間向けではないから、遺伝子組み換え作物であっても、除草剤をぶっかけていても構わない。

アメリカの穀物協会の幹部が日本のテレビ局のインタビューにおいてそう言っていたのです。大豆やトウモロコシは遺伝子組み換え作物にしていいのかと聞いたところ、家畜のエサだからＯＫだと答えました。日本人はアメリカ産の大豆やトウモロコシをたくさん食べていますが、要するに日本人は家畜相当だと思われているのです。

遺伝子組み換え作物のトウモロコシや大豆をアメリカからもっとも輸入しているのは日本。遺伝子組み換え作物を一番食べているのは日本人なんです。

一方、アメリカの農務省の幹部にも、「日本人が遺伝子組み換え食品に不安を抱いている」と話すと、「遺伝子組み換え作物のトウモロコシや大豆をアメリカからもっとも輸入しているのは日本。遺伝子組み換え食品を一人当たり世界で一番食べているのは日本人ですよね」と答えた。「いまさら何を言ってるんだ」と言わんばかりでした。アメリカの認識はこんなものです。輸出先の国民の健康問題なんてまるで関心外に見えます。

アメリカでは輸出用の農作物の収穫後、ポストハーベスト農薬といって、防かび剤などをかけることがある。小麦なんかは収穫前に除草剤をかけ、日本に輸送する前、小麦をサイロに貯蔵する際にも防かび剤をかける。発がん性の疑いがあって日本では禁止されている薬ですよ。

研修で現地に行った日本の米農家が、こんなことをして大丈夫かと聞いたそうです。すると、「お前たちが食べる分だからいいんだ」と言われたそうです。

森永　アメリカの考え方って、私の小学校時代とほとんど変わっていないですよ。

鈴木　日本に輸入されるアメリカ産のレモンにも防かび剤がかけられていますが、アメリカ国内で消費する分にはかけていません。果物、米、穀物、みんなそういう対応です。長い距離を船で輸送する間にかびが発生しないようにかける。逆に言えば食料を輸入している以上、残留農薬の問題は避けられない。

だから一次産業の衰退は、日本人の健康問題に直結する。これも一種の安全保障の問題だと認識すべきです。

森永　だから、米を食ったほうがいいんですよ。

鈴木　その通りです。

「地方首長の反乱」がもっと起こればいい

森永　なぜ日本がこれほどまでアメリカに従属しているのか。私が『ザイム真理教』という本で出した答えは「カルトだから」。要するに、財務省が誤った経済政策を中央官庁全体に強制しているからというのが答えです。

彼らは前例踏襲と、いかに天下り先を増やすかしか考えていない。だから何が国益なのかわかっていない。農業をやったことがない連中が、机上の空論を戦わせて農業政策を決めている。だからアメリカやグローバル資本主義につけこまれるんです。官僚や政治家が本当に国益を考えて行動していれば、こんなことが起きるはずがない。

鈴木　財務省もそうですし、経産省も期待できない。経産省の官僚はいずれ電力会社や石油会社、自動車などの輸出企業に天下る。だから自然と既得権益やグローバル資本主義の代弁者を務めてしまう。

森永　こういう中央の腐った仕組みを変えるには、地方から反乱を起こすしかない。グローバル資本主義の傀儡《かいらい》たる経産省に任せていては、再生可能エネルギーの推進なんてできない。でも東京都の小池百合子都知事は反乱を起こし、太陽光パネルの設置を義務化して、補助金もつけている。こうした動きがもっと広がれば、中央の既得権益は壊れていくでしょう。

江戸時代末期もこういう感じだった。幕府が財政悪化に苦しむ中、薩摩藩や長州藩は、ありとあらゆる手段で資金を作り、財政を立て直した。薩摩藩なんて言わば密貿易で儲けていたわけですからね。

そういう余力のある地方がどんどん独自政策を実施して、中央官庁の統制に対して反乱を起こせば、既存のシステムは崩れていく。

そうした大きな動きだけでなく、一人ひとりの国民がもっと米を食べるだけでも日本はいい方向に変わるはずです。こんなに安くておいしい、安全な食べ物は他にないと思う。

農業予算はどんどん削られている

鈴木 でも財務省は、米は余っているから、田んぼを潰して農業予算を削減しろと。

森永 そうそう。アホちゃうかと思いますね。

鈴木 水田を潰して畑にすれば、「手切れ金」は払ってやると、そういう政策を財務省は主導している。いま何をなすべきかという大局的見地がいっさいない。ただただ農業予算を減らすことだけを考えている。

森永 二〇二三年度の補正予算でも、水田の畑地化による畑作物の本格化に七五〇億円の予算をつけています。田んぼを畑にすると、元に戻すのは大変なんですよ。

鈴木 一九七〇年にはだいたい一兆円の農水予算があった。当時は防衛予算の二倍もあったんです。

しかし五〇年以上経ったいまの農水予算は約二兆円で、しかも二〇二四年度はわずかながら減らされる予定です。一方、防衛予算は二三年度で約六・七兆円、二四年度は概算要求で七・七兆円まで増加しています。農水予算がいかに減らされているか一目瞭然です。

国家存立の三本柱は「軍事・エネルギー・食料」と言われることがありますが、その中でも命を守る要は食料です。その食料の予算がこれだけ減らされているのは異常な流れ。日本の国家予算は非常にいびつな構造になっている。

農水省は財務省との力関係で劣勢に立たされ、その結果、農水予算をどんどん削られている。

一方で、アメリカから農産物の輸入自由化を迫られてきた。牛肉やオレンジの輸入を自由化しろといった「要求」がどんどん降ってくる。私が農水省にいたころも、そうしたアメリカの要求に振り回されていました。

農水省も抵抗するんです。なんとか自由化を遅らせようとしたり。でも、結局は飲まされてしまう。TPPもそうでした。最初は猛反対したものの、これ以上の抵抗は無理だとなると、腰砕けになってしまった。

私は在野でTPP反対の論陣を張っていたのですが、はしごを外されたようなかたちになってしまった。「われわれは降りるが、鈴木さんは最後まで闘ってくれ」と暗黙のうちに託されたような、損な役回りになってしまったんです。

森永　（笑）。

鈴木　農水省だけではなく、農協も完全にねじ伏せられてしまいました。TPP反対の一大キャンペーンを展開したのに、官邸から目をつけられて、JA全中（全国農業協同組合中央会）の組織解体という流れになってしまった。

こういう中で、農水省や農協組織の人には言えなくなってしまった想いを、私が代わりに発信している、という側面はあります。だから講演会などで私の話を聞いて、農水省OBや農協関係者の中には、「あー、スッキリした」と言う人がけっこういる。

いずれにしろ、私は表向きは「悪者」で、損な役回りというわけです（笑）。ただどんな状況でもやはり言うべきことは言わざるを得ない。

二酸化炭素以上に危険な「窒素・リン濃度」

森永　いま食料危機につながるリスクが一番高い要因と言うと、やはりウクライナ戦争だと思います。とりわけウクライナで核が使われた場合は非常に危険。日本にいると可能性は低いように見えるかもしれませんが、かなり心配です。追い詰められたプーチンは何をするかわからない。

鈴木　冒頭で示した試算が現実になるかもしれませんね。台湾有事も心配ですが、ロシアが核を使えば、日本人が飢えて死ぬ。

核戦争で世界の貿易が停止した場合は日本人の六割、七二〇〇万人が飢餓で死ぬ。ただ、それはインド―パキスタン間とか、局地的な核戦争を想定した話。ロシアが使った場合はNATOの応戦もあるので、全面核戦争のシナリオもある。その場合は六割どころではない。日本人は一億二〇〇〇万人全員が餓死します。そのリスクが目前にあるということ。

森永　もしそうなったら、うちはスイカとメロン畑を潰して、イモを作って生き延びます。

鈴木　森永先生のように準備ができている人は大丈夫です。でも、有事になってから急にイモを植えようとしても無理です。いまからそういう態勢を作っておかないと。

かつ、もっと米を食べて農家を支えなければならない。有事にものを言うのはコミュニティです。

「プラネタリー・バウンダリー」という言葉があります。「地球の限界」とも訳されますが、人間が地球上で暮らしていくために、超えてはならない限界があるのです。大気中の二酸化炭素濃度が限度を超えると地球温暖化が問題となりますが、窒素やリンの濃度にも限界があります。

化学肥料の原料は窒素やリンです。工業的に生産した窒素・リンが農業を通じて大量にばら撒かれると、環境中の窒素・リン濃度が限界を超えてしまう。

大量の窒素が海に流れ込むと、海水が富栄養化、つまり過剰に栄養を蓄えた状態になる。するとプランクトンの大量発生（赤潮）が起きる。プランクトンは海中の酸素を大量に消費するので、その一帯の海産物が酸欠で死滅してしまう。窒素の過剰はこのようなメカニズムで生物種の絶滅を招く。

窒素についてはバウンダリー（限界値）の約二・四倍、リンは約二倍の量を毎年排出しているといいます。

窒素は温暖化の原因でもあります。一酸化二窒素（N_2O）は、二酸化炭素、メタンに次ぐ温暖化原因物質です。温暖化に影響する度合いを評価した地球温暖化係数（ＧＷＰ）という数字がありますが、ＩＰＣＣ第四次評価報告書の値によると、一酸化二窒素のＧＷＰは二酸化炭素の三一〇倍もあります。それだけ地球温暖化をもたらしやすいのです。

この一酸化二窒素の最大の排出源は実は農業です。化学肥料に含まれる窒素が微生物の働きなどで一酸化二窒素のかたちで大気中に放出されているのです。

つまり、化学肥料を大量に使い続ける農業を考え直すべき時期にきている。温暖化の影響も農業に影を落としている。水温が高くなると魚が住む海域が変わるため、日本近海の漁業には大問題です。

農業でも、温暖化でむしろ米がおいしくなった北海道のような地域もありますが、暑すぎてこれまでのようには作物が実らなくなった地域も出ている。

化学肥料を使わないと農業はできない、という考え方もわかります。ただ、目先の効率を追うことで、むしろ農業の寿命を縮めているようなところがある。

経済の仕組みを見ても、結局一部の企業だけが儲かるのなら、持続可能とは言えない。そろそろ限界が近づいているんですよ。

原発も同じです。コストが安いからといっても、いざ事故が起きれば巨大な損失をこうむるわけです。トータルで見れば安くはない。

食料の問題もそれと同じです。目先の効率だけで農業を語ってはいけないのです。

第四章

最後に生き残るためにすべきこと

鈴木宣弘

二〇二三年夏の猛暑で壊滅的な打撃

二〇二三年の夏は記録的な猛暑だった。その影響でいま、農産物の生産が減っている。ニンジン、カボチャ、ジャガイモなどが水不足と暑さで打撃を受け、収量が落ちている。野菜だけでなく、米の被害も甚大だという。新潟県など、米どころでも不作に陥り、米の品質が落ちているそうで大きな問題になっている。

とくに北海道の被害が大きいようだ。ふだん、北海道の夏はそれなりに涼しいのだが、この記録的な猛暑で、北海道の酪農に多大な被害が出ている。猛暑で牛がバテてしまい、熱中症のような症状でエサが食べられなくなったり、死んでしまったりしたという。その結果、影響の大きいところでは八月の乳量が平年より三割も減ってしまったと聞く。全体平均でもおおよそ一割以上も生乳生産が減っているらしい。

農産物が不作となれば、価格が高騰し、消費者の懐を直撃する。と同時に、農家経営にとっても非常に苦しい状況が生まれる。

ウクライナ戦争の開始以降、農家は生産資材の値上がりに苦しんでいる。肥料、エサの価格は二倍近くに値上がり、燃料は五割高、その他の生産資材価格もどんどん値上がりしている。

だがその分を農産物の価格に簡単に転嫁できない構造がある。そのため農家の赤字が膨らんでいた。そこに猛暑と収量減が直撃したので、さらに赤字が膨らみ、農家経営が非常に苦しくなっている。

一般の消費者としても農産物の価格が上がり大変な状況だろうが、農家も大変な状況なのである。

インドの輸出規制が与えたインパクト

二〇二二年にはじまったウクライナ戦争は世界の食料供給に大きな問題をもたらしている。周知の通りウクライナは世界の一大穀倉地帯だが、戦争の影響でウクライナ産の穀物出荷に大きな制約が課せられている。ロシアはウクライナ産農産物の輸出をいったんは許可するとしていたが、その約束を反故にしてウクライナのオデッサ港を攻撃した。そのためウクライナ産の穀物を出荷できない状況がより悪化してしまった。

図②　中国の穀物輸入数量の推移

中国はウクライナから買っていたトウモロコシを米国などにシフト

（単位：千トン）

	2016/17	2017/18	2018/19	2019/20	2020/21	2021/22	2022/23
小麦	4,410	3,937	3,145	5,376	10,500	10,000	9,500
コメ	5,900	4,500	2,800	3,200	2,900	2,600	6,000
粗粒穀物	16,055	16,425	10,540	17,496	43,250	46,300	37,350
うちトウモロコシ	2,464	3,456	4,483	7,596	26,000	26,000	18,000
油糧種子	98,420	99,280	86,740	102,720	104,600	107,250	101,930
うち大豆	93,495	94,095	82,540	98,533	100,000	103,000	98,000
合計	124,785	124,142	103,225	128,792	161,250	166,150	154,780

出典：米国農務省資料より作成。2022/23は2022年７月12日時点の見通し。
資料：三石誠司教授　https://www.jacom.or.jp/column/2021/05/210514-51244.php

インドの対応が新たな問題となっている。インドは米の輸出量で世界一位、小麦の生産量は世界二位という輸出大国だったが、そのインドが輸出規制をはじめたのだ。小麦については二〇二二年五月に輸出を禁止、米についても二〇二三年七月に非バスマティ米の輸出を禁止した。

インドは世界の米輸出の四割を占める米輸出大国である。そのインドが輸出規制を導入したことの影響は計り知れない。この影響は米以外の穀物にも波及するだろう。

中国の影響も見逃せない。これは某商社の方から聞いた話だが、中国はいま膨大な量の穀物備蓄を進めており、世界中から穀物を買い集めているという（図②）。一四億人を数える中国の国民が、一年半も食べていけるほどの途方もない量だという。ウクライナ戦争を受けた措置だろうが、対米関係の悪化と、近い将来の台湾有事をにらんだ動きとも考えられる。

この中国の行動もあって、世界の食料需給の逼迫は今後も続く見込みだ。

中国は備蓄を進めているが、日本はどうだろうか。

実は日本の食料備蓄量はかなり少ない。穀物全体でせいぜい一・五ヵ月分程度の政府備蓄しかない。米だけでもおよそ一〇〇万トンの備蓄量だが、これでは二〇日ほどしかもたないという試算もある。このような状況で有事の食料供給は本当に大丈夫なのだろうか（BS－TBS『報道1930』二〇二二年六月二二日放送を参照）。

最初に飢えるのは東京と大阪

日本の農業は少子高齢化が直撃しており、農家の平均年齢はいまや六八・四歳（二〇二二年）となっている。物価高に加え猛暑にも苦しむという農家には厳しい状況が続き、生産をやめてしまう方も増えているのが現状だ。

このまま農家の減少が進めば、当然日本の食料自給率は大きく低下する。前著『世界で最

図③　種と飼料の海外依存度も考慮した日本の2020年と2035年の食料自給率（最悪のケース）

	食料国産率		飼料・種自給率*	食料自給率	
	2020年(A)	2035年推定値	(B)	(A×B)	2035年推定値
コ　メ	97	106	10	10	11
野　菜	80	43	10	8	4
果　樹	38	28	10	4	3
牛乳・乳製品	61	28	42	26	12
牛　肉	36	16	26	9	4
豚　肉	50	11	12	6	1
鶏　卵	97	19	12	12	2

資料：2020年は農林水産省公表データ。推定値は東京大学鈴木宣弘研究室による。規模の縮小や廃業により傾向的に生産が減少すると見込まれる。
＊ 種の自給率10%は野菜の現状で、種子法の廃止などにより、コメと果樹についても野菜と同様になると仮定。ただし、化学肥料がストップして生産が半減する可能性は考慮されていない。

初に飢えるのは日本』でも紹介したが、農水省のデータに基づいて筆者が試算したところ、二〇三五年の日本の食料自給率は、最悪のシナリオでは、米一一パーセント、野菜四パーセントなど壊滅的な状況が予想されている（図③）。異常気象が続けて発生すれば、自給率はさらに低下するだろう。

猛暑で大きな打撃を受けた北海道は、日本の農業生産の中心である。

北海道の食料自給率は二二三パーセントもあり、日本国内に農産物を供給する「食料基地」の役割を果たしている。ジャガイモは約八割、ニンジンは約三割を北海道で生産している。

北海道が日本の食料供給を一手に担っている反面、東京の自給率は〇・四七パーセント、四捨五入するとゼロという状況だ。

北海道の農業が打撃を受け、大きく減産すればどうなるか。北海道からの食料供給に頼る東京はひとたまりもない。自給率がほぼゼロの東京と大阪は、国内の食料供給が不足すれば、一番最初に飢えることになる。

私は前著『世界で最初に飢えるのは日本』で、日本の真の自給率はきわめて低く、有事で輸入が止まれば、たちまち飢えてしまうと説いた。

それに加えて、日本で最初に飢えるのは東京と大阪だということをここに強調しておきたい。こと食料の面においては、大都市の生殺与奪の権は地方が握っているのだ。

世界の状況はまさに「有事」

ウクライナ戦争は収束の気配が見えない。その上、中東ではイスラエルとパレスチナの紛争が激化している。アルメニアとアゼルバイジャンの間にも武力衝突が起きているし、世界の緊張はますます高まっていると言える。

加えて、円安が進み、日本の「買う力」はどんどん衰えている。中国が大量の食料を輸入し、日本が買い負けるケースも目立っている。インドのように食料の輸出規制をはじめる国も現れ、世界の食料需給はかなり逼迫してきている。

その上、異常気象がもはや「通常気象」となりつつある。

猛暑でジャガイモ生産に打撃と述べたが、近年の異常気象でジャガイモ不足は日常茶飯事になりつつある。二〇二一年から二二年にかけて、やはり異常気象でジャガイモ不足が起こり、ポテトチップスが品薄になったが、覚えている読者もきっと多いだろう。

「食料なんて輸入すればいい」という時代は終わりつつあるのだ。

スーパーに行けば食料があり、飲食店に行けば料理が出る。かつてはそれが当たり前だったかもしれない。だが、今後も同じように食料を入手できると考えるのは間違いだ。

太平洋戦争の後、日本はひどい食料不足に陥った。とくにひどかったのは都市部である。

都市部に住む人々は電車を乗り継いで農村へと出向き、持参した着物を差し出して、どうか食べ物と交換してください、お願いしますと頭を下げ、なけなしのお米と交換してもらっていたのだ。たった八〇年ほど前の出来事である。

もうじき戦後八〇年といういま、そうした経験をもつ人も少なくなってしまったが、今後同じことが起こらないとは限らないだろう。

日本の食料自給率を高めるにはどうすればいいのか。都市部の人も真剣に考えるべきときが来ている。

「農家は大変だね」と他人事のように思っていると、いずれ東京の人たちも食料危機に苦しむことになろう。

二〇二三年の猛暑と野菜不足を教訓に、対策を進めるべきではないだろうか。

酪農家がバタバタ倒れている

いま、日本の酪農が危機に瀕している。

前著『世界で最初に飢えるのは日本』でも触れたが、コロナ禍で生乳の需要が急減し、「牛乳余り」が起きた。一方、それまで生乳の増産を指示していた政府・農水省は一転して生乳の減産を目指すようになり、「牛を処分すれば補助金を出す」というひどい政策が実行されている。

これが酪農家の経営を大いに苦しめている。多くの酪農家が、政府・農水省の先導によって生乳の増産のために設備投資を行った。経営規模の大きな酪農家ほど積極的に設備投資を進めたのである。

だが、コロナ禍以降はそれが仇《あだ》となった。農水省の減産命令のために牛乳の売り上げが減少し、酪農家は設備投資の借金返済に苦しむこととなる。

一方、ウクライナ戦争以降の円安・物価高により、ガソリン価格をはじめ生産資材の高騰が起こっている。かといって酪農家が牛乳を値上げできるわけではないので、燃料や飼料の値上がり分は酪農家が負担するほかない。

その結果、酪農経営の赤字が拡大し、全国で酪農家がバタバタと倒れはじめている。問題は酪農家の廃業にとどまらない。とくに、本書でもたびたび触れたように、二〇二三年の猛暑で生乳生産も大きなダメージを受けた。山形では平年より二割も乳量が減少したという報告もある。(https://www.fnn.jp/articles/-/577989を参照)

こんな状況にもかかわらず、政府は牛乳生産量の抑制をまだ続けると言っている。牛乳を搾るとペナルティとして脱脂粉乳の在庫を買わせるという方法まで用いて、強権的に生産を抑制しているのが現状である。なんと、その一方で、バターが足りないとしてバターの緊急輸入をしはじめた。

酪農家を追い込む「七重苦」

日本の酪農家は次の「七重苦」に直面している。

①　生産資材暴騰

二〇二一年に比べて肥料二倍、飼料二倍、燃料三割高、という生産コスト高が起きている。

②　農畜産物の販売価格低迷

農畜産物価格の低迷により、コストが暴騰しても、価格転嫁ができない。

③　副産物収入の激減

乳雄子牛など子牛価格の暴落により副産物収入が激減。

④　強制的な減産要請
政府からはこれ以上搾っても受乳しないという減産要請があるため、生乳の廃棄が行われた。

⑤　乳製品在庫処理の多額の農家負担金
脱脂粉乳在庫の処理に北海道の酪農家だけで三五〇億円規模の負担を求められており、酪農家経営に重くのしかかっている。

⑥　輸入義務はないのに続けられる「大量の乳製品輸入」
国内在庫が過剰であるにもかかわらず、海外からの莫大な輸入は続けている。「低関税で輸入すべき枠」を「最低輸入義務」と政府が意図的に解釈しており、異常事態が継続している状況だ。

⑦　他国で当たり前の政策が発動されない
コスト高による赤字の補塡、政府が在庫を持ち、国内外の援助に活用するといった、他国

では当たり前の政策が日本にはない。

「牛乳不足」と「牛乳余り」を繰り返す理由

牛乳は需給調整が難しい農産物だが、日本は近年、牛乳の需給調整に失敗し続けている。政府による「酪農いじめ」の結果、国内の生乳生産が不安定化し、今度は一転して「牛乳不足」に陥りつつある。「牛乳不足」と「牛乳余り」が交互に発生するのは明らかに政府の失策である。

すでにバターの在庫は不足ぎみになっており、政府はバター輸入枠を拡大した。国内の酪農家に「牛を処分すれば補助金を出す」と言って乳製品の生産量を減らしておきながら、減った分は外国から輸入して補っている。国内農家を苦しめながら、外国の農家に補助金を出しているも同然だ。

「牛乳不足」と「牛乳余り」を繰り返す最大の原因は、国が需要を作らないことにある。

生乳の生産量を増やすと同時に、政府が一定量を買い上げる仕組みを作るべきだった。需要の「出口」があれば、コロナ禍でも「牛乳余り」にはならなかったし、酪農家の経営はもっと安定していたはずだ。

民間と違って、国は多額の予算を使うことで、「需要」を創出できる。国が財政出動によって需要を作ることで、経済を回していくというのは、ケインズ経済学では当然の考え方だ。だが日本では政策決定にその考え方が取り入れられることがほとんどない。

近年、日本では格差の拡大もあって食べたくても食べられない人が増えている。「子ども食堂」を利用する家庭がどんどん増えているのが日本社会の現状だ。日本でも「フードバンク」の仕組みを作り、そうした人々に食料を届けるべきだ。そうすれば困っている人も助かるし、農家にとっては余剰農産物の「出口」になる。

アメリカをはじめ、他国ではこうした取り組みが当たり前となっている。国内外への援助物資を、農産物の需給調整に活用しているのだ。こうした政策をなぜ日本政府はやらないのか。これこそ政府が本来責任を持ってやるべき政策のはずだ。

「牛乳余り」になると、よく「バターなどの加工品に回せ」という意見が出る。

牛乳は特殊な農産物で、生乳を加工してバターにしたり、また逆に脱脂粉乳やバターに水を加え、「還元乳」として再度出荷したりと、非常に複雑な流通形態を持っている。

仮に牛乳余りでバターの生産を増やすと、バターと同時に脱脂粉乳も作ることになるので、脱脂粉乳の在庫も急増する。ただ昨今は少子化の影響によって脱脂粉乳の需要が少ないので、バターをたくさん作り、脱脂粉乳の在庫が増えると、メーカーが困ってしまう。こうした問題があるので、牛乳の需給調整はとても難しいのだ。

ただ、それも政府が介入すればいいだけの話とも言える。脱脂粉乳が余るなら政府が一定量を買い上げ、国内外への支援物資に使えばいい。少子化対策にもなるし、需給調整にもなるわけだ。

だが政府がやっているのは、牛乳が余ってきたので、補助金を出すから牛を処分しろという政策だ。これではいつまでたっても需給が悪化するだけだろう。

子牛が生まれて、牛乳を搾れるようになるまで、だいたい三年以上はかかる。牛乳余りだから牛を減らすといっても、効果が出てくるのは三年後とか、もっと先の話だ。そのころには気候も変わって、逆に牛乳不足になっている可能性もある。

政府の支出を増やすことなく、供給側、農家の取り組みだけで需給を調整しようとするから失敗する。政府の指示と生産量の変化の間には時間のずれがあるからだ。その間、農家は政策に振り回され、経営難に苦しむことになる。

牛乳に限らず、農産物は簡単に供給量を調整できない。どうしても作りすぎたり、逆に不作になることがある。だから需要側での調整が重要になるのだが、政府はアメリカの顔色を窺い、責任を農家に押し付けてばかりいる。

台湾有事への備えが叫ばれるいま、農産物の生産基盤を強化すべきときのはずだ。食べるものがなくなれば戦争どころではない。政府は農家のせいにするのをやめて、食料生産の強化に努めなければならない。

「鶏卵不足」に「米不足」が追い打ち

二〇二三年には鶏卵の不足と価格高騰が大きな話題となった。

鶏卵は他の農産物と同様にウクライナ戦争をきっかけとした生産資材の高騰の影響で値上がりしていたが、二〇二二年末ごろから日本国内で鳥インフルエンザの被害が相次いだことで、供給不足が発生した。

二〇二三年七月ごろ鶏卵の価格はピークをつけ、その後は沈静化しつつあるが、冬にかけて鳥インフルエンザの流行シーズンとなるため、再び鶏卵価格が上昇することも考えられる。

異常気象が続き、鳥インフルエンザのような病気の発生頻度が高まっている。また、鶏卵の供給を拡大しようとすると、どうしても過密な環境で飼育することが増える。結果として、より病気感染が広まりやすくなっている。

ちなみにニワトリのヒナはほぼ全量を輸入に頼っている。また、エサとなるトウモロコシはほぼ一〇〇パーセントが輸入だ。もともと日本の鶏卵業界にはこうした脆弱性がある。

鶏卵のほかに心配なのは米の不足だ。二〇二三年の猛暑で米にも影響が出ている。米どころの新潟県では一等米の割合が四一パーセントと、例年より二〇ポイントも下回ったという(https://www3.nhk.or.jp/news/html/20230929/k10014211271000.htmlを参照)。

例年より等級が落ちるということは、買い取り価格が落ちるということだ。収量低下で米不足が心配される以上に、農家収入への打撃が大きな問題となるだろう。

世界を見ても米の収量は落ちているようだ。アメリカでは近年カリフォルニア米の不作が伝えられている。代わりに日本からの米輸出が増えているという。カリフォルニアでは水不足が慢性化し、そう簡単に農産物を増産できなくなっていると聞くが、その影響もあるのだろう。

オーストラリアのような農業大国でも、米が塩害によって作れなくなってきており、輸出をやめてしまっているという。

農業を潰し国民を飢えさせる「ザイム真理教」

世界的に農産物の需給が逼迫する中、日本国内の生産量を増やすしかない。そのためには田んぼの維持が必要不可欠のはずだ。

しかし、政府の方針はまったく逆である。国内では米が余っているので、「手切れ金」を出すから田んぼを潰せと言っている。思考があまりにも短絡的過ぎるのではないか。

主食を自給することは安全保障の第一歩だ。国内に田んぼがあるから米を作れる。田んぼは共同作業を通じて地域コミュニティの構築に一役買っており、日本の文化にも多大な影響を及ぼしている。しかも田んぼには治水効果があり、洪水を防止してくれてもいる。日本政府はこうした田んぼの機能にもっと目を向けるべきではないか。

田んぼを潰せと言っているのは財務省だ。森永卓郎先生も言っておられたが、財務省という官庁はとにかく短絡的な発想しかしない。米が余っているなら田んぼはやめろ、金がもったいないと、そういう意見しか言わない。

農業予算は財務省の標的になっている。他の予算にくらべて、農業予算の減少幅があまりにも大きいことはすでに述べた。一九七〇年には一兆円近くあった農水予算は、いまでも約二兆円に過ぎない。総予算に占める割合もかつては一二パーセントあったのが、いまは一・八パーセントしかない。一方で防衛予算は二〇二四年度概算要求で七兆円を超えてきている。

予算規模だけを見ても、食料の問題がどれほどないがしろにされているかがわかるだろう。

台湾有事になれば日本人の九割が餓死する

日本の農業は風前の灯火《ともしび》である。農家の平均年齢は六八・四歳。フランスの農家の平均年齢は五一・四歳であることを考えると、これがいかに異常な数字かがわかるだろう。

この状況を放置すれば、日本の農業は消滅しかねない。平均年齢から推測して、あと一〇

図④　主な生産資材価格および農産物価格の推移

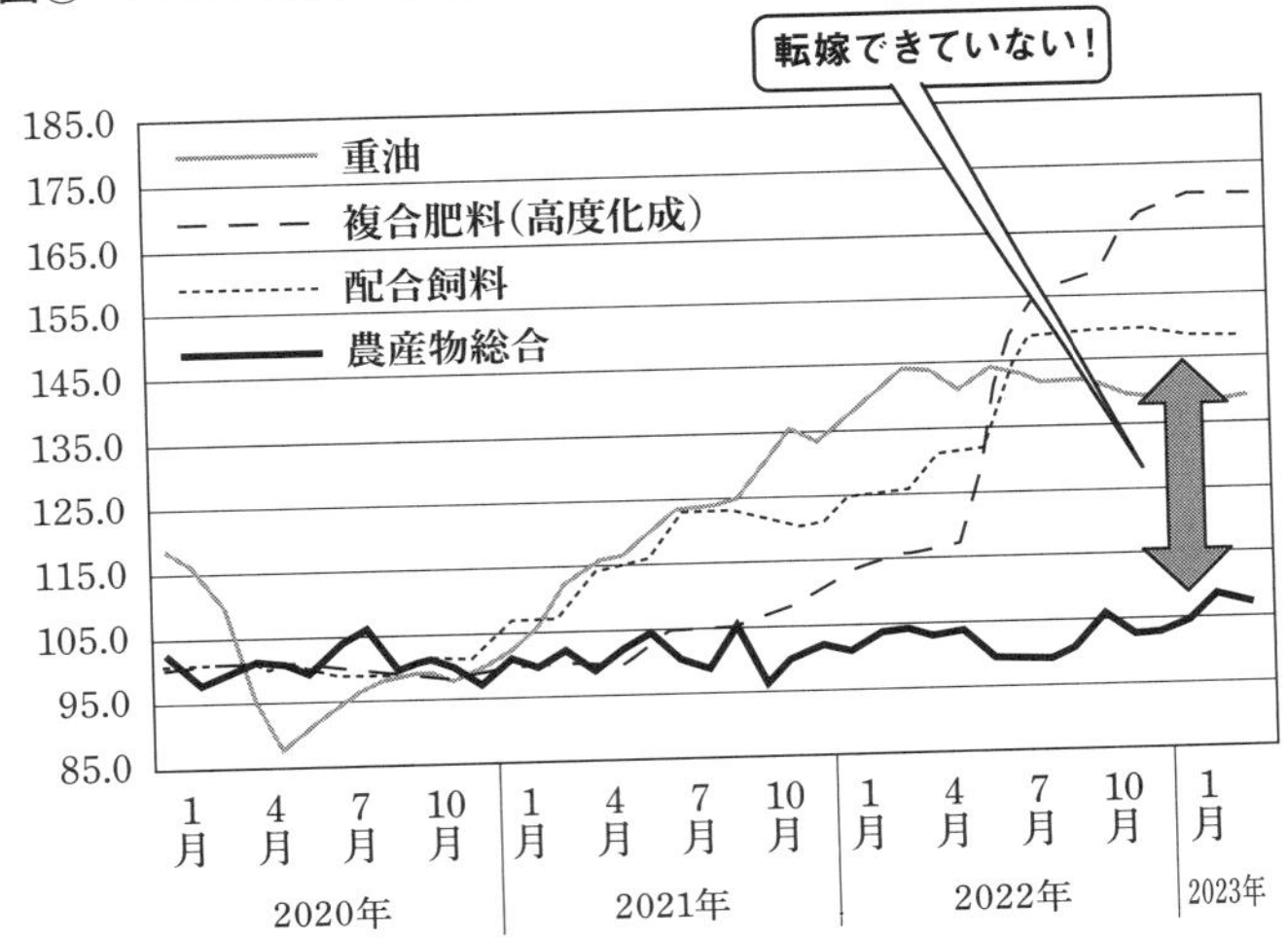

資料：JA全中より

年もたない可能性すらある。
しかも、農家経営は年々厳しくなっている。円安・物価高による生産コストの上昇で離農者が増えていけば、あと五年ぐらいで日本の農家は消滅してしまうかもしれない。

こんな危機的な状態にもかかわらず、相変わらず国はなにもしない。

このような状況で、台湾有事が起きればどうなるか。

戦争がはじまると海外からの食料輸入が止まる可能性が高い。そうなると、東京に住む人の食べ物が真っ先になくなるだろう。

日本のカロリーベースの食料自給率

は二〇二三年最新の数字で三七・六パーセントだが、これはあくまで見た目の数字でしかない。畜産のエサは八割が輸入だということは、この数字に考慮されているが、前述の通りニワトリのヒナもエサもほぼ全量を輸入している。

肥料の輸入が止まり、使用できない場合、仮に収量が半分になると仮定すると、それだけで日本の「実質」の自給率は二二パーセントに低下すると考えられる。

さらに、米も含めた種の輸入も止まるという最悪の想定では、日本の自給率は九・二パーセントにまで低下してしまう。

本書の冒頭でラトガース大学の研究を紹介した。もし核戦争が発生し貿易が止まった場合、ほとんどの日本人は餓死することになる。

核戦争でなくとも、食料輸入が止まるだけで、九割以上の日本人が餓死する。それが自給率九・二パーセントの意味である。

そもそも世界的に食料の需給が逼迫する中、日本が食料を自給せず他国から輸入していることには倫理的な問題がある。もっと国内生産を増やす余地があるのに、他国から買うことで、貧困国の食料事情に悪影響を与えているかもしれない。

二〇二一年二月に放送された『ＮＨＫスペシャル』で、こういうシーンがあった。

ワイン一本の生産にかかる水の量は、南アフリカのスラム街の人たちが使う二週間分の水の量と同じだという。日本人はそれを大量に輸入している。つまり、日本人が気軽にワインを楽しむことで、スラム街の人々から貴重な水を奪っているのである。

同じことは穀物や牛肉の輸入にも言える。

「食料なんて輸入すればいい」が許されない時代になってきている。

酪農家の倒産・廃業が相次いでいる

二〇二三年夏の猛暑の影響は、時が経つにつれて薄れていくだろう。農産物生産は一時的には減少するものの、いずれは回復していく。

ただ、先にも触れたように、こうした異常気象が「通常」となれば、深刻な食料危機の発生も懸念される。

異常気象は農業をますます難しくしており、離農の動きを加速させる。農家が減少すれば食料自給率はさらに下がり、いずれ「国産品」はバカ高い値段で取引されるかもしれない。

そうならないための方法を模索しなければならない。持続可能な社会のために、一人ひとりが生産に関与していくことが必要になってくる。

このような状況の中、政府は食料生産の拡大にもっと大きな役割を果たすべきだ。

酪農について言うと、現在、酪農家は牛乳を一キロ絞るごとに三〇円もの赤字に苦しんでいる。メーカーは取引乳価を二〇円引き上げてはいるが、まだ一〇円の赤字だ。

乳価を引き上げると、小売り価格も上がる。取引乳価をあと一〇円上げると、小売価格は二〇円以上は上がる。そうなると、一般消費者の負担が大きい。こういう場合は国が差額を埋めればいいのではないだろうか。

生産者が十分な所得を得られるよう、他の国同様にコストと販売価格の差額、つまり赤字分を国が補償する仕組みを設けるべきだ。

加えて、一般消費者に対する食料補助として、アメリカの「SNAP（旧フードスタンプ）」のような、所得に応じて食料を買えるカードを支給する制度も有効だろう。アメリカはこの政策だけで年に一〇兆円規模の予算を使っている。

いまは生産者も消費者も苦しい。ならば生産者を助けるか、消費者を助けるか、あるいは両方を助ける政策をやるべきだが、日本にはそのどちらもない。民間の責任でがんばってねと掛け声をかけているだけで、肝心の政府はいっさいお金を出さない。

これはまさに亡国の財政政策というほかない。

改悪の懸念がある「農業の憲法」

いま農業の憲法にあたる法律を実に二四年ぶりに改定する動きがある。「食料・農業・農村基本法」というのがそれだが、その議論の内容を見て驚いた。世界情勢の悪化と国内農業の疲弊を前に、食料自給率を今度こそ上げるという決意が述べられているかと思いきや、食料自給率という言葉すら出てこないのである。

この法律に基づき五年ごとに決める「食料・農業・農村基本計画」があるのだが、なんとこの中で、食料自給率は数ある指標の一つに格下げされている。

つまり、食料自給率を上げることは、国の目標ですらなくなっているのだ。

食料自給率の問題がなおざりになっている代わりに、平時と有事の食料安全保障という言葉だけが先行している。

この「平時と有事の食料安全保障」という言葉が、いま政府内で流行っているようだが、そもそも、平時と有事を分けて考える発想自体、意味がわからない。

そもそも食料安全保障は、いざというときに食料を確保できるよう、ふだんから食料自給率を維持しておくことが大前提だ。その意味で平時と有事を分ける必要性はあまりないと思われる。

政府が何を言いたいのかというと、このままの状況が続けば、日本国内での食料生産業者はどんどん潰れていくが、それに対して抜本的に何かを変えようという議論はしたくない。「平時」は輸入でいい。だが平時ではない状態、「有事」になると輸入はできない。だから有事に対応する法案だけは新たに作るということだろうか。

具体的には、ふだんは花を作っている農家に対して、サツマイモを植え、供出するよう命じる法律が用意されている。

これは無茶苦茶な話だ。日々一生懸命に食料を作っている農家には何の支援もしない。食料は輸入し、農家はどんどん潰れればいいという政策を取っておきながら、有事には国の命令に従ってサツマイモを作り、国のために供出しろというわけだ。そもそも、そんな簡単に作物の転換などできるわけないのだが、そんな無理矢理な話がどんどん進んでいるという。

なぜそんな法律が進んでいるのかというと、ある委員が、国内生産を増やすのは非効率だと主張したらしい。食料自給率の向上を目標にすると、生産を増やすためにバラマキを行い、非効率な経営を保護することになるが、それはおかしいし、金もかかると主張したようだ。政府にとってはとにかくお金を使わないことが最優先なのである。

国の予算が足りないので、農業予算はもっと減らしたい。日本の農家は、企業的な経営で目先の利益を追求できるところだけ生き残り、あとは潰れればいい。そういう議論が政府内でまたぞろ始まっているのだ。

二〇二〇年に策定された食料・農業・農村基本計画では、多様な農業形態を担い手として位置づけていた。

現状を見れば、高齢化で離農が相次いでいるのは明らかだ。多少企業経営を導入したところで、根本的な人手不足はどうにもならない。コロナ禍で海外の技能実習生が帰国したせいで作物の収穫すらできなくなったが、それくらい農業の人手不足はひどい。

いま「半農半X」、つまり農業をやりつつ別の収入もあるという就業形態が注目されているが、それを含めた多様な農業形態を認めなければ、もはや農村は人手不足のためにもたない。結果、日本の食料自給率は今後大幅に減少するだろう。二〇二〇年時点での「食料・農業・農村基本計画」にはそうしたまともな現状認識があった。

しかし、今回の「食料・農業・農村基本法」改定では、その方向性が消えてしまったのだ。

かつて竹中平蔵さんがこんなことを言っていた。地方の山奥など、僻地でしかも農地に向かないような土地に住む必要はない。こういう土地に無理に住んで農業をやれば、税金を投入して補助することになる。これこそが無駄というものだ。原野に戻したほうがいいと。

これが間違った議論であることは言うまでもない。こうした考えで東京一極集中を進めていけば、いずれ農村のコミュニティは崩壊する。そうなると、少数の企業的な経営の農家は残るかもしれないが、人口はどんどん都市に集中していくので、結局、農村の人手不足は解消せず、生産性が低下し、自給率は下がるだろう。

そうやって国内の農業が消滅してしまえば、いざ外国からの輸入が止まった際、都市に集中する日本人はあっという間に餓死してしまう。

先ほど触れた農業基本法の改正は、まさにこういう方向に向かいかねないのだ。

戦後、われわれ日本人は洗脳され続けてきた。アメリカの占領政策のもと、日本の農業は弱体化され、アメリカ産の農産物の輸入を強いられた。日本はアメリカで余った農産物の処分場だと言われ続けてきたのだ。

今回の農業基本法改正が、この状況を変えようとするどころか、むしろ今後もアメリカの処分場であり続けると宣言する方向に動くことが懸念される。

本当は恐ろしい「コオロギ食」

食料価格の高騰で、「コオロギ食」や「培養肉」が注目を集めている。

二〇二三年一一月に徳島県のある高校でコオロギパウダーを使った給食が提供され、話題になった。

コオロギをはじめとする昆虫食は食料問題の解決策として近年注目を集めている。牛肉など食肉の生産には、大量の穀物飼料が必要で、貧困国の食料問題を悪化させるほか、地球環境に悪影響を及ぼすとされる。

また牛のゲップにふくまれるメタンガスが、地球温暖化の一因だという指摘も根強い。だから肉食のために家畜を育てること自体がエコではない、肉食をやめてたんぱく質は昆虫食などで補うほうがいいという主張がなされている。

だが昆虫食は本当に安全なのだろうか。たしかに世界各地に昆虫食の風習があり、日本でもイナゴ食の文化がある。だが、コオロギ食の風習はない。むしろ、中国ではコオロギは「微毒」であり、避妊の薬として扱われてきたという。科学的な研究が待たれるが、伝統的には毒とされてきたコオロギを、給食に混ぜて出すのはいかがなものだろうか。甲殻類アレルギーの原因になるという指摘もある。

一方、人工的に細胞を培養して作る「培養肉」にも注目が集まっているが、こちらも安全性の懸念が完全になくなったわけではない。

このような段階で、コオロギ食・培養肉の取り組みが進められているのは、結局一部のグローバル企業のビジネスになるというのが理由だろう。

本書で触れたように、マイクロソフトの創業者であるビル・ゲイツ氏は、コロナ禍で全米の農地を大量に購入した。少なくとも一時は全米最大の農場所有者となったという。ビル・ゲイツ氏らはＡＩやドローンを活用し、自動化されたデジタル農業・スマート農業をやろうとしている。

畜産・酪農の分野ではロボットによる自動化が進んでいるという。「搾乳ロボット」により、乳搾りを自動化したり、牛の耳にセンサーをつけて、健康状態をモニタリングし、エサの量を管理し、牛乳を搾るかどうかの判断材料に利用できるようになった。

　ちなみに日本政府も、「緑の食料システム戦略」においてＡＩを活用する「スマート農業」「デジタル農業」を掲げている。

「デジタル農業」によって農家の負担が軽減されるならいいが、既存の農業を破壊し、利益はビル・ゲイツ氏のようなＩＴ長者が総どりになるのであれば大問題だ。

　現に、こうした取り組みが既存農業に対する「攻撃」に利用されるケースがある。

　既存の農業は非効率であり、環境にも悪い。だからセンサーを張り巡らせてドローンを使った農業をやるべきだ、といった主張がされがちだが、「デジタル農業」を導入して儲かるのは、ビル・ゲイツ氏や一部のグローバル企業だというなら、いったいだれのためのデジタル化なのかわからないだろう。

　環境問題に意識が高い人ほど、既存の農業を環境に悪いものとしてスケープゴートにしがちという問題もある。

　地球温暖化の対策が必要なのは間違いない。先進国で飽食が進み、肉の消費量が増えたことが地球環境の悪化につながっているという指摘もおそらく正しい。

　ただ、その結果として、既存の農業は壊してしまい、「培養肉」を推進する企業には補助金を出せ、という話になるのは困ったものである。

フードテックは株価対策でしかない

日本は「フードテック」の分野で遅れており、取り戻すためにもっと投資が必要だ、と盛んに言われている。「フードテック」とは先ほどあげた培養肉など、テクノロジーによって食料の問題を解決しようというものだ。

フードテックを進めるべき理由といえば、食料問題の解決、環境問題対策ということになる。そこまではいいが、いまある農業、とくに畜産が一番の悪者だと考えるのはおかしい。環境問題の解決のためなら、むしろ伝統的な農法に回帰するほうが先であり、効果的ではないのか。

その取り組みをすっ飛ばして、フードテックによる代替肉・培養肉だ、ゲノム編集作物だ、昆虫食だ、無人農場だとなるのはおかしい。

また、それらに税金を投入して国策でやるというのはもっとおかしい。

ショック・ドクトリンという言葉がある。大災害の発生後などの危機的状況を、既存のシステムを変えてしまう絶好のチャンスととらえ、新自由主義的な改革など国民にとって不利益となるような政策を一気に進めてしまうことを指す。

コオロギ食や培養肉はまさにショック・ドクトリンであり、既存の農業を破壊し、グローバル企業が取ってかわるための手段として使われている。

地域コミュニティ、伝統文化を破壊し、結果として一部の企業だけが儲かるなら、まさに「いまだけ、金だけ、自分だけ」ではないか。

そもそもフードテックが本当に効果的かどうかは疑問が残る。培養肉は通常の食用肉よりコストが高い。結局、自然環境で太陽の光を浴びて育った肉のほうが安くつく。

同じことは植物工場にも言える。植物工場では、ビルの中に畑を作り、水や栄養を管理し、LED照明で作物を育てるが、工場の維持費や電気代のせいで、価格も高くなってしまう。

ただ、新しいビジネスであるのはたしかであり、投資家向けに「これからはフードテックだ」とさんざん煽られている。日本政府はこれを鵜呑みにしているわけだ。

現在の世界経済はまさしく「株主資本主義」だ。株価さえ吊り上げられれば、本当に有望なビジネスなのか、環境対策として効果があるかどうかは二の次、三の次となりがちだ。その視点でさまざまな情報が流され、政治家や官僚に対しても売り込みが行われる。

その結果、国民にとって本当にいい政策よりも、まるで中身のないビジネスに多額の予算が投じられる、ということが起きる。

人の命や健康より、企業が儲かることが優先されているのだ。

政治家は「ザイム真理教」に洗脳されている

日本は台湾有事に備えて、アメリカからの武器購入を増やしている。また、有事に避難民をどうするかとか、そうした計画の策定もどんどん進んでいる。

しかし、アメリカが助けてくれるとは限らない。むしろアメリカを守るために、日本本土が戦場になる可能性も否定できない。

アメリカに言われるがまま、トマホークやオスプレイの購入を決めたのではないか、日本政府は本当に国家の防衛について真剣に考えているのだろうか。

少なくとも、有事の食料問題については、真剣に考えているとはいえない。

本書でも触れたように、有事に食料が不足した場合、花農家などにイモ作りを強制する法律が準備されている。

そんなことより、国内の食料生産を強化するほうが先ではないのか。

財務省がにらんでいるから、田んぼ削減、食料自給率低下の方向性は変えられない。だが有事対策は必要だから、いざというときには無理矢理イモを作らせる。

そんなずさんな有事対策で、本当に国民の命を守れると思っているのだろうか。

政府がバカげた決定を繰り返しているうちに、農家はどんどん廃業してしまう。あと一〇年経てば日本の農業は消滅しかねないのだ。

そもそも有事に農家が協力してくれるだろうか。これまで「牛を増やせ」と言っては「牛乳余り」を招き、「余ったから牛を処分しろ」と言って、酪農家を潰してきたのがいまの政府だ。

有事に生産を増やそうにも、財務省の指示で田んぼが潰されているかもしれないのだ。

政治家も「ザイム真理教」に洗脳されている。財務省に逆らってまで農業予算を確保しようと動く議員はほとんどいない。

ただ、自民党の「責任ある積極財政を推進する議員連盟」の方々は、財政措置の重要性を理解してくれている。私も少しお話しさせていただいたが、いまこそ農業分野で積極財政に転換しなければならないと力強く言ってくれた。

非主流派ではあるが、同議員連盟は一〇〇名を超える大所帯だ。今後の動きに期待したい。

まずは財務省の壁を越えないかぎり何も進まない。

現状は絶望的だが、解決策はある。財務省の圧力によって必要な農業予算を確保できないなら、超党派の議員立法という手もある。

「協同組合振興研究議員連盟」という超党派の議員連盟があり、法案化を検討している。「責任ある積極財政を推進する議員連盟」をはじめ、自民党からも多くの賛同を得られる可能性もある。

地方で続々と誕生する「生産」と「消費」の新たなシステム

政府にあまり期待できそうにない中、われわれ一人ひとりが流れを変えていくしかない。

学校給食の無償化・公共調達に取り組む自治体も増えている。地方の取り組みこそ、国全体が変わるきっかけになるかもしれない。

前著『世界で最初に飢えるのは日本』では「食は命」の看板を掲げる高崎市のスーパー「まるおか」、進化した直売所となった和歌山県の「よってって」などを紹介したが、徳島県でも新しい取り組みが始まっている。

農協と生協が連携し、有機栽培支援に取り組む「コープ自然派」がそれだ。

「コープ自然派」では「生態系調和型農業理論」に基づいた有機栽培を応援している。土壌中の微生物や虫など、多様な生物にとって住みよい環境を重視する農法のことだ。

その有機野菜を各家庭に宅配するのが、「コープ自然派」のビジネスモデルだ。取り扱う野菜のうち、実に六〇パーセント以上が有機野菜だという。農協が有機栽培を支援し、生協が販路を確保するという連携で注目されている。

有機農業というと、収量が半分になるとか、草取りが大変だというイメージが強いが、いい農法もたくさんある。こうした農法を取り入れれば、有機栽培で収量を増やすことも可能だという。

また茨城県石岡市の「JAやさと有機栽培部会」が、二〇二三年二月に日本農業賞の大賞を受賞したことも、農業関係者の間で話題になっている。

このところ有機栽培に興味のある若い人が増えているが、彼らの多くは農地を持っておらず、栽培技術や販路もない。そんな若い世代に対してＪＡやさとが就農支援を行っている。栽培技術の研修を実施し、農地も提供する仕組みを作っている。ほか、有機の販路として、「東都生活協同組合」「パルシステム」「よつ葉生協」「いばらきコープ」「アイコープみやぎ」「生活クラブ」の六つの生協と連携している。

和歌山県では、「学校給食に安全な食材を使って欲しい」という思いから、保護者や栄養士らのグループが耕作放棄地を利用して小麦を作る取り組みが注目されている。「給食スマイルプロジェクト～県産小麦そだて隊！」という取り組みだが、ＳＮＳを活用し農家の協力を得て、耕作放棄地を借り小麦の生産を実現したほか、学校給食会の協力も取り付け、栽培した小麦で作ったパンを給食に出すことまで実現しているという。

これらの成功例に共通しているのは、生協間での連携だ。一つの生協だけでは販路を確保しきれないこともあるが、生協が連携することで、生産者を支えられるだけの販路を生み出している。

また徳島の例のように農協と生協の協力関係も目立っている。農家と流通・販売が連携し、いい食材を一緒に作って、一緒に食べていこうという動きが活発化している。

給食に有機食材を使いたい、という流れは盛り上がりを見せており、全国で取り組みの例が増えている。「オーガニック給食を全国に実現する議員連盟」も誕生している。

いずれしっぺ返しがくる

日本の農業は危機的状況にあるが、このように生産者、消費者レベルでの新たな動きも出てきている。だから絶望するのはまだ早いだろう。それこそ森永先生の「マイクロ農業」のように、各自がそれぞれの地域で、共生の仕組みを作っていくことで、食料危機は乗り越えられるはずだ。

逆に、そうした共生社会を目指すことが、今後の日本社会にとっての大目標となるのは間違いない。

東京や大阪など大都市圏の人には、食料危機においては最も脆弱な地域に住んでいることを理解していただきたい。

いざというときに真っ先に餓死することになるのは、東京や大阪の人々だ。そうした悲劇的な結末を回避するためにも、ぜひ日本の農業振興に力を貸していただきたい。

佐賀県が面白い提案をしている。

衆参両院の定数は選挙区の人口に基づいて配分されているが、これを食料の供給力で計算し直すとどうなるか、という内容だ（図⑤）。

食べ物を供給する力こそ、人間の命に関わる最重要事だ。この試算は食料自給率をベースに各地方の「重要度」を表す「ものさし」とも言える。

これによると、食料自給力を考慮した北海道の議員定数は五九人に上る。また、当の佐賀県は三人増えて五人。

一方、食料自給率ほぼゼロの東京は、議員定数わずかに一（最新データだとゼロになる）。大阪も一九から激減して一となってしまう。

この試算を仮定の話として済ませるわけにはいかない。台湾有事をきっかけに食料危機が起きれば、食料産地の政治的な発言力は高まるだろう。

農業政策を霞が関やグローバル企業の都合だけで決めてはいけないのだ。地方の実態を考慮せず、農業いじめばかりやっていると、いずれ大きなしっぺ返しをくう。そのときには永田町の政治家や、霞が関の官僚、都心部に住むグローバル企業の経営層などはみな飢え死に

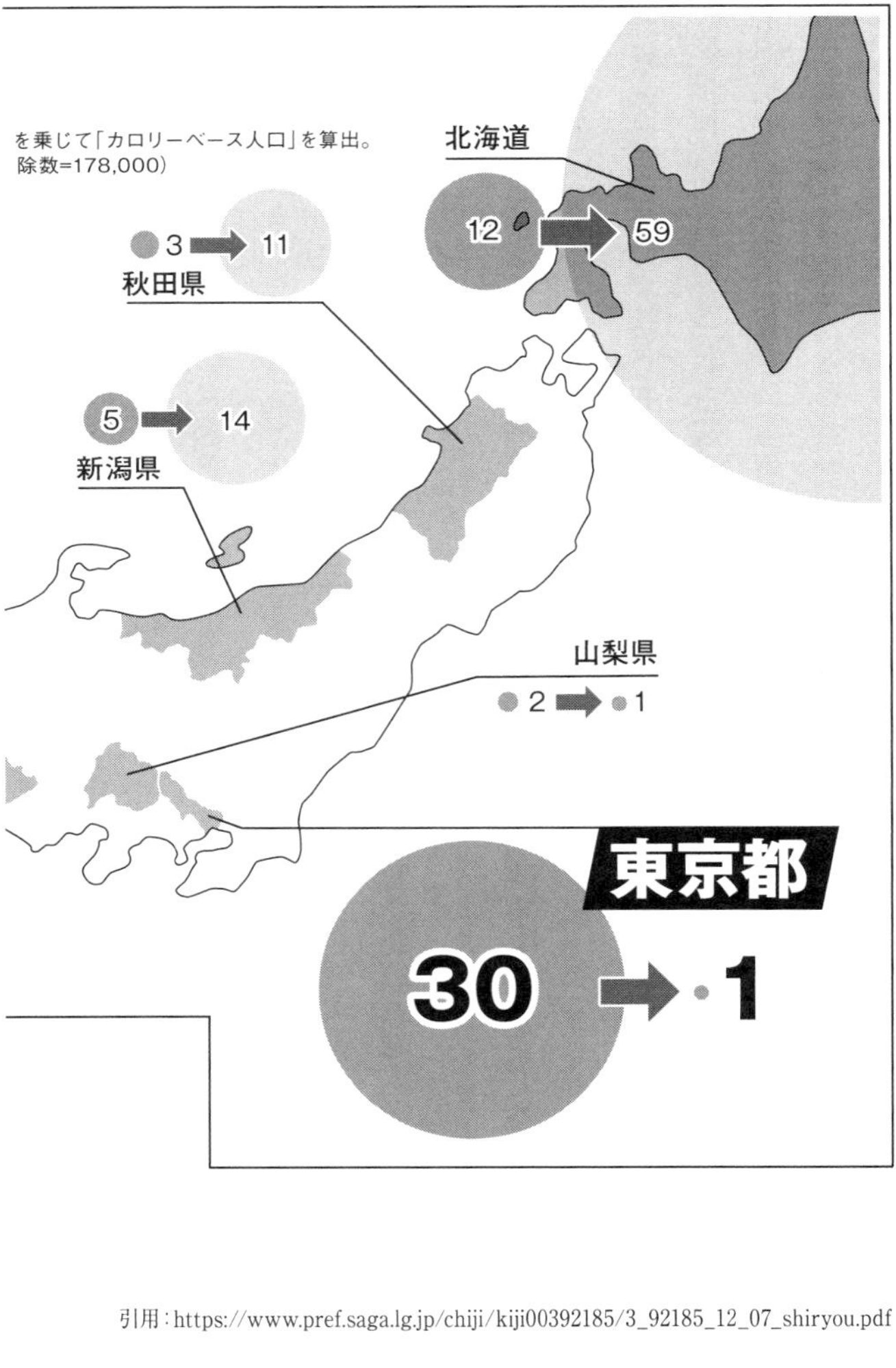

引用：https://www.pref.saga.lg.jp/chiji/kiji00392185/3_92185_12_07_shiryou.pdf

図⑤

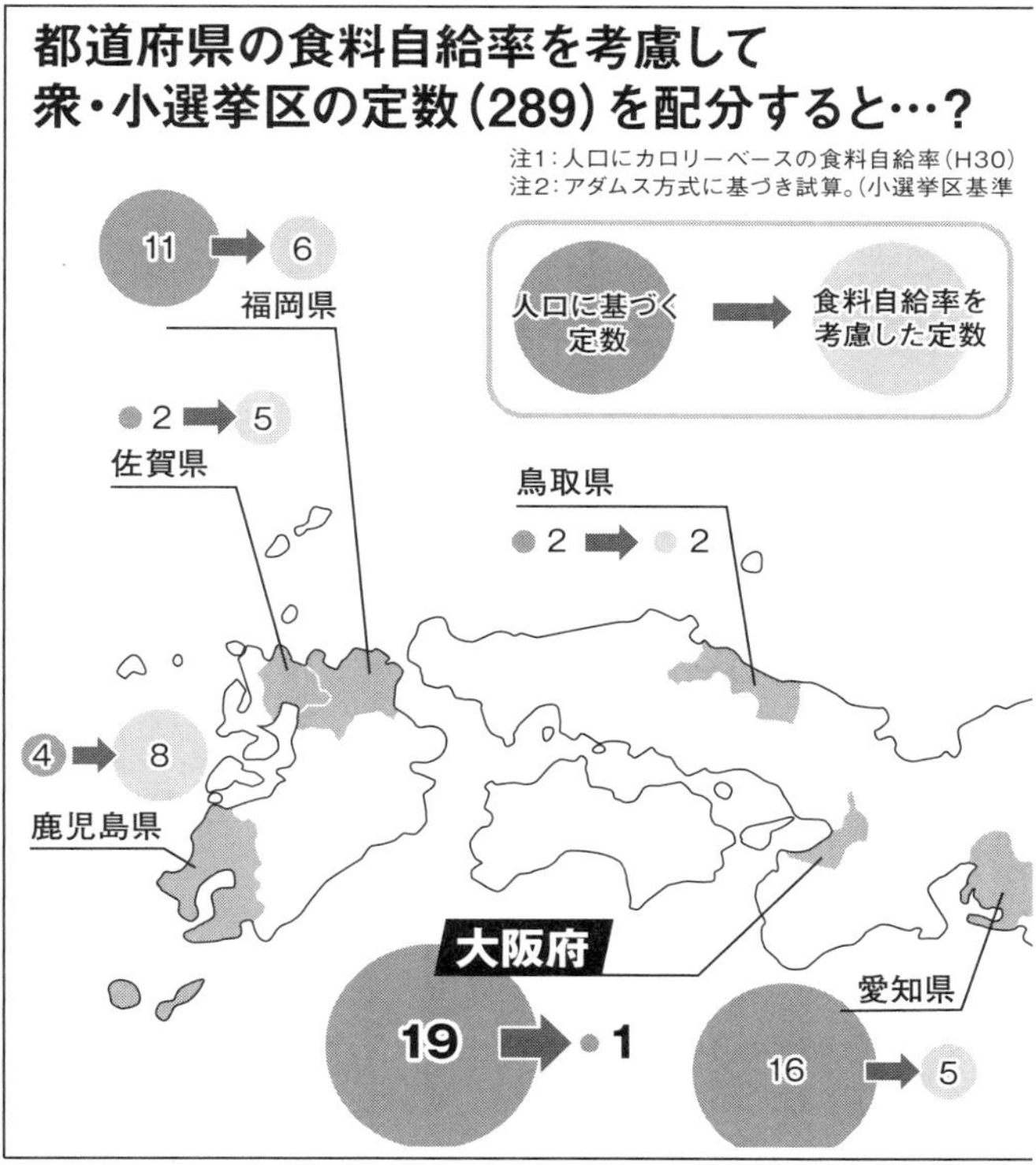

カロリーベースの都道府県別食料自給率(%)

46	46	・・・	8	7	6	5	4	3	2	1		平成30年度(確定値)
大阪府	東京都	・・・	鹿児島県	佐賀県	岩手県	新潟県	青森県	山形県	秋田県	北海道	全国	
1	1	・・・	79	95	106	107	120	135	190	196	37	

してしまうが、一方で彼らが日頃軽視している地方の農家は生き残る。
「農は国の本なり」——そのことを肝に銘じて政策決定を行ってほしい。

あとがき

森永卓郎《もりながたくろう》

いまから一五〇年も前、マルクスは、資本主義がいずれ行き詰まるだろうと予言していた。主な理由は四つあった。①許容できないほどの格差の拡大、②地球環境の破壊、③仕事の楽しさの喪失、④少子化の進展だ。

いまの日本が、まさにその限界の状況に陥っていることは、明らかだろう。非正社員の割合が四割に達して、最低賃金ギリギリの低所得で働かざるを得ない人が爆発的に増えている。その一方で、カネを右から左に動かすだけで、巨万の富を稼ぎ、タワーマンションのペントハウスで暮らす富裕層も劇的に増えている。

環境破壊も深刻さを増している。とくに二〇二三年は、猛暑でさまざまな作物が壊滅的なダメージを受けただけでなく、山の木の実が十分育たなかったため、クマなどの野生動物が、ヒトの居住地域に入り込むようになった。

仕事の楽しさ（自律性）の喪失も深刻だ。あらゆる仕事がマニュアル化され、現場で働く人から創意工夫の余地が奪い去られている。働く人に求められるのは、効率性だけだ。私のゼミの学生がアルバイトをするハンバーガー店では、マネージャーの仕事までがマニュアル化され、アルバイトが管理を担うようになっている。しかも、彼らの時給は平社員のアルバイトとたった一〇〇円しか違わない。

そして、少子化は、もっとも深刻な事態に陥っている。すでに出生数は八〇万人を割り込み、いまや死亡者数のほぼ半分になってしまった。日本は猛烈な勢いで縮小を続けているのだ。

資本主義を放置する限り、少子化は止まらない。強欲な資本家は、労働者が食事をして、睡眠をとって、翌日再び働きに出られるギリギリの報酬しか与えない。子どもを産み、育てる余裕を持てるほどの賃金は決して支払わないのだ。

まさに出口のない迷路に迷い込んだようにみえる日本の経済社会だが、実は、構造転換の方向性は見えていると私は考えている。明確な事例があるからだ。

それが、長野県南箕輪村だ。

南箕輪村は、長野県南部に位置する上伊那郡の村で、二〇二三年一一月現在、人口一万六二〇一人の小さな自治体だ。しかし、最大の特徴は高齢化率だ。長野県全体の高齢化率が三二・九パーセントであるのに対して、南箕輪村は二三・六パーセントと、県内で最も低くなっている。その最大の理由は、人口増だ。一九八〇年に八八七七人だった南箕輪村の人口は、四〇年あまりで、八二パーセントも増えているのだ。

交通アクセスは決してよいとは言えない。村内に高速道路の伊那インターチェンジがあるものの、東京からは三時間、名古屋からも二時間かかる。村内に大型ショッピングセンターは一つもない。

それでも人口が増え続けているのは、移住者が後を絶たないからだ。村民の七割が移住者だと言われている。

移住者を惹きつける一つの要因は、徹底した子育て支援だ。出産育児一時金は、一人五〇万円。同一世帯から保育園に二人以上入園している場合、二人目の保育料を半額、三人目は無料となる。

また、保育園から小・中・高校・短大・大学・大学院まで村内にあり、教育機関が充実している。待機児童はゼロだ。高校生までの医療費もほぼ無料化されており、放課後クラブなど、さまざまな子育て支援が充実している。

二つ目の要因は、就農支援だ。

四五歳未満の新規就農希望者を対象に、農業法人での研修や農業大学の学費などが補助される。給付額は一人につき一五〇万円、二年目以降は三五〇万円－前年の総所得（農業経営開始後の所得から給付金を除いた額）×五分の三。給付期間は最長五年となっている。

また、南箕輪村は、青年農業者団体の活動が盛んで、連携を取り合って、助け合いをしながら、農業技術を高めている。さらに、これといった特産品がなく、さまざまな作物が作られている。そのため新規参入がしやすく、消費者としても、地元産品を中心とした幅広い食材調達が可能になっている。

三つ目は、環境対策だ。

一般家庭用に太陽熱利用施設、ペレットストーブ、ペレットボイラー、薪ストーブの導入費用の一部を補助する「住宅用新エネルギー施設設置補助金」を設け、新エネルギー導入を推進している。ペレットや薪のストーブを推奨しているのは、近隣にペレットの製造工場や薪の販売施設があるからだ。温室効果ガスの排出量は実質ゼロということになる。

四つ目は、高齢者福祉にも積極的であることだ。

体力の維持のための体操や脳トレを行う場を設けるとともに、調理が困難な高齢者の自宅に弁当を届ける配食サービスや運転免許を持たない七五歳以上にタクシー利用料金の助成などをしている。

こうしてみると、南箕輪村が、けっして特殊なことをしているわけではないことがわかる。しかし、その施策は、資本主義の矛盾を解消する方向にすべて向いている。

地産地消で助け合うから、格差は生まれない。子育て支援を通じて、少子化を防いでいる。もともと環境の良いところで、それを壊さないように環境対策を徹底する。そして、農業を中心に仕事を作り出す。さまざまな作物を作るから、マニュアル労働とは無縁で、仕事自体が喜びにつながる。

資本主義からの転換を図るために、必要なことは「人と地球を大切にする」ということに尽きるのだ。そしてその中心に位置づけられるのは、農業だ。

金を稼ぐための農業ではなく、自分や家族や子どもたちが食べ、地域の仲間たちが食べるための農作物で、健康を害するようなものを作ろうとする人はいないだろう。そして、そうした生産基盤をふだんから作っておけば、何か危機が訪れたときにも、安心して暮らしを続けることができるのだ。
繰り返しになるが、答えは見えている。なぜ、その答えに向けて、すぐに進路を切り替えようとしないのだろうか。

二〇二四年二月

鈴木宣弘

東京大学大学院農学生命科学研究科特任教授。「食料安全保障推進財団」理事長。1958年生まれ。三重県志摩市出身。東京大学農学部卒業。農林水産省に15年ほど勤務した後、学界へ転じる。九州大学農学部助教授、九州大学大学院農学研究院教授などを経て、2006年9月から東京大学大学院農学生命科学研究所教授。24年4月から同特任教授。1998年〜2010年夏期はコーネル大学客員教授。近著に『世界で最初に飢えるのは日本　食の安全保障をどう守るか』(講談社+α新書)がある。

森永卓郎

経済アナリスト。獨協大学経済学部教授。1957年生まれ。東京都出身。1980年、東京大学経済学部卒業。日本専売公社(現在のJT)に入社し管理調整本部主計課に配属。近著に『ザイム真理教　それは信者8000万人の巨大カルト』(三五館シンシャ)がある。

講談社＋α新書 860-2 C

国民《こくみん》は知《し》らない「食料《しょくりょう》危機《きき》」と「財務省《ざいむしょう》」の不適切《ふてきせつ》な関係《かんけい》

鈴木《すずき》宣弘《のぶひろ》
森永《もりなが》卓郎《たくろう》

2024年2月19日第1刷発行
2024年5月27日第6刷発行

発行者―――― 森田浩章
発行所―――― 株式会社 講談社
東京都文京区音羽2-12-21 〒112-8001
電話 編集(03)5395-3522
販売(03)5395-4415
業務(03)5395-3615

デザイン―――― 鈴木成一デザイン室
写真―――― 日下部真紀
カバー印刷―――― 共同印刷株式会社
印刷―――― 株式会社新藤慶昌堂
製本―――― 牧製本印刷株式会社

KODANSHA

定価はカバーに表示してあります。
落丁本・乱丁本は購入書店名を明記のうえ、小社業務あてにお送りください。
送料は小社負担にてお取り替えします。
なお、この本の内容についてのお問い合わせは第一事業本部企画部「＋α新書」あてにお願いいたします。

Printed in Japan
ISBN978-4-06-534824-6

講談社＋α新書

ESG思考　激変資本主義1990―2020、経営者も投資家もここまで変わった
夫馬賢治
世界のマネー3000兆円はなぜ本気で温暖化対策に動き出したのか？　話題のESG入門
968円 827-1 C

超入門カーボンニュートラル
夫馬賢治
カーボンニュートラルから新たな資本主義が誕生する。第一人者による脱炭素社会の基礎知識
946円 827-2 C

内向型人間が無理せず幸せになる唯一の方法
スーザン・ケイン　古草秀子 訳
成功する人は外向型という常識を覆した全米ミリオンセラー。孤独を愛する人に女神は微笑む
990円 828-1 A

トヨタ チーフエンジニアの仕事
北川尚人
GAFAも手本にするトヨタの製品開発システム。その司令塔の仕事と資質を明らかにする
968円 829-1 C

ダークサイド投資術　元経済ヤクザが明かす「アフター・コロナ」を生き抜く黒いマネーの流儀
猫組長（菅原潮）
恐慌と戦争の暗黒時代にも揺るがない「王道の投資」を、元経済ヤクザが緊急指南！
968円 830-1 C

カルト化するマネーの新世界　元経済ヤクザが明かす「黒い経済」のニューノーマル
猫組長（菅原潮）
投資の常識が大崩壊した新型コロナ時代に、元経済ヤクザが放つ「本物の資産形成入門」
968円 830-2 C

シリコンバレーの金儲け
海部美知
「ソフトウェアが世界を食べる」時代の金儲けの法則を、中心地のシリコンバレーから学ぶ
968円 831-1 C

認知症の人が「さっきも言ったでしょ」と言われて怒る理由　5000人を診てわかったほんとうの話
木之下徹
認知症一〇〇〇万人時代。「認知症＝絶望」ではない。「よりよく」生きるための第一歩
968円 832-1 B

成功する人ほどよく寝ている　最強の睡眠に変える食習慣
前野博之
記憶力低下からうつやがんまで、睡眠負債のリスクを毎日の食事で改善する初のメソッド！
990円 833-1 B

健康本200冊を読み倒し、自身で人体実験してわかった **食事法の最適解**
国府田淳
これが結論！　ビジネスでパフォーマンスを240％上げる食べ物・飲み物・その摂り方
990円 834-1 B

なぜネギ1本が1万円で売れるのか？
清水寅
ブランド創り、マーケティング、営業の肝、働き方、彼のネギにはビジネスのすべてがある！
968円 835-1 C

表示価格はすべて税込価格（税10％）です。価格は変更することがあります